随园食单

[清] 袁枚 著
赵盼 注

中华国学经典精粹

图书在版编目（CIP）数据

随园食单 /（清）袁枚著；赵盼注．—北京：北京联合出版公司，2016.9（2022.8 重印）

（中华国学经典精粹）

ISBN 978-7-5502-8781-5

Ⅰ．①随… Ⅱ．①袁… ②赵… Ⅲ．①烹饪—中国—清前期 ②食谱—中国—清前期③中式菜肴—菜谱—清前期 Ⅳ．① TS972.117

中国版本图书馆 CIP 数据核字（2016）第 238760 号

随园食单

作　　者：袁　枚
责任编辑：张　萌
封面设计：颜　森

北京联合出版公司出版
（北京市西城区德外大街 83 号楼 9 层　100088）
北京华夏墨香文化传媒有限公司发行
三河市东兴印刷有限公司印刷　新华书店经销
字数 130 千字　880 毫米 ×1230 毫米　1/32　5 印张
2017 年 1 月第 1 版　2022 年 8 月第 8 次印刷
ISBN 978-7-5502-8781-5
定价：36.00 元

前言

说到中国古代最广为人知的饮食文化著作，非清代袁枚的《随园食单》莫属。

袁枚（1716—1797），字子才，号简斋，晚年自号仓山居士、随园老人、随园主人，钱塘（今浙江杭州）人，是清代乾隆、嘉庆时期著名的诗人、散文家和文学评论家，也是著名的美食大师。袁枚自小就十分聪明，善写诗赋文，在二十三岁那年（1739）参加朝廷科考时差点因为文章“语涉不庄”而落榜，幸得贵人（当时担任大司寇的尹继善）相助，才得中进士，授翰林院庶吉士，但二十六岁时（1742）又被外放做官，先后在江苏的溧水、江浦、沭阳、江宁等地担任知县七年。虽然袁枚为官正直勤勉，政绩颇佳，极受当地百姓的爱戴，也颇受当时的两江总督尹继善的赏识，但他的仕途却一直不顺，再加上他本人对官场倾轧深恶痛绝，无心再继续做官，于是在三十三岁那年（1749）借父丧需养母之由辞官，买下位于江宁（今江苏南京小仓山下）的隋氏废园，修葺一新，取名为“随园”，自号仓山居士、随园老人，从此安于闲情逸致的生活——广泛交游，游山玩水，对酒当歌，吟诗论文，成为当时有名的文人雅士、风流才子。袁枚的文章风格自成一家，与当时著名的政治家、文学家纪晓岚齐名，时称“南袁北纪”。嘉庆二年（1797），八十二岁的袁枚在随园安然离世，墓址就在南京百步坡。

袁枚一生著述颇丰，著有《小仓山房文集》三十五卷、《小仓山房外集》八卷、《随园随笔》二十八卷、《随园食单》一卷、《随园诗话》十六卷及《补遗》十卷、《新齐谐》二十四卷及《续新齐谐》十卷、《小仓山房尺牍》十卷、《子不语》二十四卷等，在多个领域皆有所长。《随园食单》就是袁枚在饮食领域的心血之作。袁枚所处时代为清朝的盛世，当时的上流社会生活奢华，对口腹之欲趋之若鹜，袁枚就是在饮食文化蓬勃发展的历史条件下，以继承传统饮食文化为基础，博采百家之长，凭借自身积淀数十年的美食体验，将清代饮食文化理论与实践紧密结合起来，汇集成了一部具有划时代意义的饮食文化大作，并于乾隆五十七年（1792）首次出版发行，广受追棒。

《随园食单》内容丰富，包罗万象，堪称一部中国饮食文化的百科全书。全书包括须知单、戒单、海鲜单、江鲜单、特牲单、杂牲单、羽族单、水族有鳞单、水族无鳞单、杂素菜单、小菜单、点心单、饭粥单和茶酒单十四个方面。全书一开篇，袁枚就在须知单中提出了十分全面而严格的二十项操作须知，在戒单中提出了需戒除的十四个饮食弊病，然后便分门别类地详细记述了中国14世纪至18世纪中叶流行的三百二十六种南北菜肴饭点以及美酒名茶（以江浙地区为主，也有一些京菜、粤菜、徽菜、鲁菜等地方菜式），对于食物原料的选择、烹调技巧、美食品鉴都有所叙及，并倡导人们对饮食文化秉持正确的态度和良好的价值取向，摒弃饮食生活中的不良嗜好与倾向。

如果你读完《随园食单》后，觉得意犹未尽，本书还在附录中选取了另外两本中国古代饮食文化佳作——清代朱彝尊的《食宪鸿秘》和宋代林洪的《山家清供》，充分满足你的“胃口”。

目录

杂素菜单/042

小菜单/050

点心单/055

附录一 食宪鸿秘

上卷

酱之属/083

蔬之属/090

下卷

香之属/115

附录：汪拂云抄本/116

附录二 山家清供

上卷

下卷

序

诗人美周公[1]而曰："笾豆有践[2]"，恶凡伯[3]而曰："彼疏斯稗[4]"。古之于饮食也，若是重乎？他若《易》称"鼎烹"[5]。《书》称"盐梅"[6]。《乡党》《内则》[7]琐琐言之。孟子虽贱饮食之人，而又言饥渴未能得饮食之正。可见凡事须求一是处，都非易言。《中庸》[8]曰："人莫不饮食也，鲜能知味也。"《典论》[9]曰："一世[10]长者知居处，三世长者知服食。"古人进鬐离肺[11]，皆有法焉，未尝苟且。"子[12]与人歌而善，必使反之，而后和之。"圣人于一艺之微，其善取于人也如是。

余雅慕此旨[13]，每食于某氏而饱，必使家厨往彼灶觚[14]，执弟子之礼。四十年来，颇集众美，有学就者，有十分中得六七者，有仅得二三者，亦有竟失传者。余都问其方略，集而存之。虽不甚省记，亦载某家某味，以志景行。自觉好学之心，理宜如是。虽死法不足以限生厨，名手作书，亦多出入，未可专求之于故纸[15]，然能率[16]由旧章，终无大谬，临时治具[17]，亦易指名。

或曰："人心不同，各如其面。子能必天下之口，皆子之口乎？"曰："执柯以伐柯[18]，其则不远。吾虽不能强天下之口与吾同嗜，而姑且推己及物；则食饮虽微，而吾于忠恕之道，则已尽矣。吾何憾哉？"若夫《说郛》[19]所载饮食之书三十余种，眉公、笠翁[20]，亦有陈言。曾亲试之，皆阏[21]于鼻而蜇[22]于口，大半陋儒附会，吾无取焉。

【注释】

①周公：姓姬名旦，是周文王姬昌第四子、周武王姬发之弟，因其采邑在周，爵为上公，故称周公。他曾辅佐武王讨伐纣，建立西周王朝，在武王死后又辅佐幼主周成王，并东征平息了武庚、管叔、蔡叔之乱。他不仅有杰出的政治头脑和军事才干，还是著名的思想家、教育家，制定了西周礼乐制度，因此被尊为"元圣"和儒学奠基人。　②笾（biān）豆有践：出自《诗经·豳风·伐柯》，是指古代家庭或社会举办重大的祭祀或宴会时，会将盛满食品的竹制器皿整齐有序地排列于活动场所。笾，古代祭祀宴飨的一种器具，多用竹子编制而成，也有木制、陶制和铜制的，形状如豆，但盘平浅、沿直、矮圈足，用来盛放枣、桃、芡、脯、脩、糗饵等干食。豆，也是古代祭祀宴飨的一种器具，多为木制，也有陶制、青铜制或木制涂

漆的，形如高脚盘，用来盛放腌菜、肉酱之类的湿物。践，陈列整齐。 ③凡伯：周幽王时期的一位大夫。 ④彼疏斯稗（bài）：出自《诗经·大雅·召旻》。疏，粗米，糙米。稗，通“粺”，精米。 ⑤《易》称“鼎烹”：《易》，指《周易》。鼎，古代一种炊具，用来烹煮食物。 ⑥《书》称“盐梅”：《书》，指《尚书》。盐梅，指作为调味料的盐和梅子。 ⑦《乡党》《内则》：《乡党》为《论语》中的篇名。《内则》为《礼记》中的篇名。 ⑧《中庸》：为《礼记》中的篇名。 ⑨《典论》：可能指三国时期曹魏开国皇帝魏文帝曹丕所著的五卷本《典论》，原书已散佚，也可能是其他人所著的《典论》。 ⑩一世：一代。 ⑪进鬐（qí）离肺：进，进食。鬐，原指鱼的鱼脊鳍，此处指鱼或鱼翅。离，分割。肺，猪牛羊等祭品的肺叶。 ⑫子：孔子。 ⑬雅慕此旨：雅，十分，极其。慕，敬仰。旨，精神。 ⑭灶觚（gū）：指灶口平地突出的地方，此处指厨房。 ⑮故纸：旧纸，指古旧书籍。 ⑯率：遵循沿用。⑰治具：指置办酒席，举行宴会。 ⑱伐柯：化用《诗经·豳风·伐柯》中“伐柯伐柯，其则不远”。伐，砍。柯，斧头。此处比喻遵循一定的准则。 ⑲《说郛》（fú）：元末明初的学者陶宗仪编纂的一套文言大丛书，书名取扬子语“天地万物郭也，五经众说郛也”，共一百卷，条目数万，汇集秦汉至宋元名家作品，内容包罗万象，包括经史传记、百氏杂书、考古博物、山川风土、虫鱼草木、诗词评论、古文奇字、奇闻怪事、问卜星象等，为历代私家编集大型丛书中较为重要的一种。⑳眉公、笠翁：眉公，指明代文学家和书画家陈继儒（1558—1639），字仲醇，号眉公，著有《陈眉公全集》《小窗幽记》。笠翁，指明末清初的文学家、戏剧家、戏剧理论家、美学家李渔（1611—1680），初名仙侣，后改名渔，字谪凡，号笠翁，一生著述颇丰，著有《笠翁十种曲》《闲情偶寄》《笠翁一家言》等。 ㉑阏（è）：阻塞。㉒蛰：刺痛。

须知单

学问之道，先知而后行，饮食亦然。作《须知单》。

先天须知

凡物各有先天，如人各有资禀。人性下愚，虽孔、孟[①]教之，无益也。物性不良，虽易牙[②]烹之，亦无味也。指其大略：猪宜皮薄，不可腥臊；鸡宜骟嫩[③]，不可老稚；鲫鱼以扁身白肚为佳，乌背者，必崛强[④]于盘中；鳗鱼以湖溪游泳为贵，江生者，必槎丫[⑤]其骨节；谷喂之鸭，其膘肥而白色；壅土[⑥]之笋，其节少而甘鲜；同一火腿也，而好丑判若天渊；同一台鲞[7]也，而美恶分为冰炭。其他杂物，可以类推。大抵一席佳肴，司厨之功居其六，买办之功居其四。

【注释】

①孔、孟：孔子、孟子。 ②易牙：也称狄牙，是春秋时代齐桓公的雍人，专门负责齐桓公的饮食，由于他擅长调味，颇得齐桓公的欢心。为了满足齐桓公对人肉的好奇欲，易牙甚至烹子献糜，因此更加受到齐桓公的宠信。 ③骟（shàn）嫩：骟，古人称被阉割的牲畜为骟。嫩，幼嫩。 ④崛强（jué jiàng）：僵硬而不屈曲。 ⑤槎丫（chá yá）：原指树枝参差错杂，此处形容鱼刺纵横杂乱。 ⑥壅土：混有肥料的土壤，或指沃土。 ⑦台鲞（xiǎng）：浙江台州出产的各类鱼干。鲞，鱼干，腌腊鱼肉。

作料须知

厨者之作料，如妇人之衣服首饰也。虽有天姿，虽善涂抹，而敝衣蓝褛[1]，西子[2]亦难以为容。善烹调者，酱用伏酱[3]，先尝甘否；油用香油，须审生熟；酒用酒酿，应去糟粕；醋用米醋，须求清冽[4]。且酱有清浓之分，油有荤素之别，酒有酸甜之异，醋有陈新之殊，不可丝毫错误。其他葱、椒、姜、桂、糖、盐，虽用之不多，而俱宜选择上品。苏州店卖秋油[5]，有上、中、下三等。镇江醋颜色虽佳，味不甚酸，失醋之本旨矣。以板浦[6]醋为第一，浦口[7]醋次之。

【注释】

①蓝褛（lǚ）：通“褴褛”，指衣服破破烂烂。 ②西子：春秋末期越国美女西施，中国古代四大美女之一，“沉鱼落雁”中的“沉鱼”就是出自西施的故事。 ③伏酱：指在三伏天制作的酱、酱油，因天热发酵比较充分，质量尤佳。 ④冽（liè）：清醇。 ⑤秋油：也称母油，指在历经日晒三伏、晴则夜露的充分发酵，到深秋霜降后打开新缸汲取的第一抽酱油，是酱油中品质最佳者。 ⑥板浦：今江苏灌云板浦镇，始建于隋末唐初，一直是古海州所辖的经济繁荣、文化发达的文明古镇，具有历史悠久且极富特色的饮食文化，其中以“汪恕有滴醋”最为出名。此醋由高粱酿制而成，由汪懿余于清初所创，店号叫“恕有”，再加上此醋甜香醇和，味美津香，只需几滴则醇香弥足，因此得名。传说乾隆皇帝下江南时曾品尝此醋，食用后连连赞叹“美哉”，并赐为“贡品”，此醋因此名声大振。 ⑦浦口：今江苏南京浦口区。

洗刷须知

洗刷之法，燕窝去毛，海参去泥，鱼翅去沙，鹿筋去臊。肉有筋瓣，剔之则酥；鸭有肾臊，削之则净；鱼有胆破，而全盘皆苦；鳗涎[①]存，而满碗多腥；韭删叶而白存，菜弃边而心出。《内则》曰："鱼去乙[②]，鳖去丑[③]。"此之谓也。谚云："若要鱼好吃，洗得白筋出。"亦此之谓也。

【注释】

①鳗涎：鳗鱼的黏液。 ②乙：可能指鱼的颊骨，也可能指鱼肠。 ③丑：动物的肛门。

调剂须知

调剂之法，相物而施。有酒、水兼用者，有专用酒不用水者，有专用水不用酒者；有盐、酱并用者，有专用清酱[①]不用盐者，有用盐不用酱者；有物太腻，要用油先炙者；有气太腥，要用醋先喷者；有取鲜必用冰糖者；有以干燥为贵者，使其味入于内，煎炒之物是也；有以汤多为贵者，使其味溢于外，清浮之物是也。

【注释】

①清酱：指纯清的酱油，是在制成豆酱的基础上，用酒笼（一种取酒的工具）逼出的酱汁，呈红褐色，有独特酱香，滋味鲜美。

配搭须知

谚曰："相女配夫[①]。"《记》[②]曰："儗人必于其伦[③]。"烹调之法，何以异焉？凡一物烹成，必需辅佐。要使清者配清，浓者配浓，柔者配柔，刚者配刚，方有和合之妙。其中可荤可素者，蘑菇、鲜笋、冬瓜是也。可荤不可素者，葱、韭、茴香、新蒜是也。可素不可荤者，芹菜、百合、刀豆是也。常见人置蟹粉于燕窝之中，放百合于鸡、猪之肉，毋乃唐尧[④]与苏峻[⑤]对坐，不太悖乎？亦有交互见功者，炒荤菜，用素油，炒素菜，用荤油是也。

【注释】

①相女配夫：出自明代周楫的《西湖二集》，指衡量女儿的情况来选择合适的女婿，此处指衡量菜的属性来选择合适的搭配。 ②《记》：《礼记》，由西汉戴圣对秦汉以前汉族的礼仪著作加以记录、编纂而成，共四十九篇，是研究中国古代社会情况、典章制度和儒家思想的重要著作。 ③儗（nǐ）人必于其伦：出自《礼记·曲礼下》，是说必须拿同类同辈的人来相比。儗，比拟。伦，同类，同辈。④唐尧（前2447—前2307）：指中国上古时期的部落联盟首领、"五帝"之一的尧帝，号曰陶唐氏，从父亲帝喾（kù）那里继承帝位，并禅让于舜。 ⑤苏峻（？—328）：西晋将领，字子高，因平息王敦的叛乱有功，进使持节、冠军将军、历阳内

史，但后来于328年起兵反晋，攻入建康，大肆杀掠并专擅朝政，最终为温峤、陶侃击败被杀。

独用须知

味太浓重者，只宜独用，不可配搭。如李赞皇[1]、张江陵[2]一流，须专用之，方尽其才。食物中，鳗也，鳖也，蟹也，鲥鱼也，牛羊也，皆宜独食，不可加搭配。何也？此数物者味甚厚，力量甚大，而流弊亦甚多，用五味调和，全力治之，方能取其长而去其弊。何暇舍其本题，别生枝节哉？金陵人好以海参配甲鱼，鱼翅配蟹粉，我见辄攒眉[3]。觉甲鱼、蟹粉之味，海参、鱼翅分之而不足；海参、鱼翅之弊，甲鱼、蟹粉染之而有余。

【注释】

①李赞皇（764—830）：指唐宪宗时的宰相李绛，字深之，河北赞皇人，敢于直谏，著有《李相国论事集》《李深之文集》。②张江陵（（1525—1582）：指明朝万历时期的内阁首辅、政治家和改革家张居正，字叔大，号太岳，湖北江陵人，时人称之为张江陵，辅佐万历皇帝朱翊钧开创了“万历新政”。③攒眉（cuán méi）：皱起眉头，表示心里不快或痛苦。

火候须知

熟物之法，最重火候。有须武火者，煎炒是也；火弱则物疲矣。有须文火者，煨煮是也；火猛则物枯矣。有先用武火而后用文火者，收汤之物是也；性急则皮焦而里不熟矣。有愈煮愈嫩者，腰子、鸡蛋之类是也。有略煮即不嫩者，鲜鱼、蚶蛤[1]之类是也。肉起迟则红色变黑，鱼起迟则活肉变死。屡开锅盖，则多沫而少香。火熄再烧，则走油而味失。道人以丹成九转为仙，儒家以无过、不及为中。司厨者，能知火候而谨伺之，则几于道矣。鱼临食时，色白如玉，凝而不散者，活肉也；色白如粉，不相胶粘者，死肉也。明明鲜鱼，而使之不鲜，可恨已极。

【注释】

①蚶蛤（hān gé）：蚶，一种介壳厚而坚实，生活在浅海泥沙中的软体动物，肉可食，味鲜美。蛤，可食用的双壳贝类，也称蛤蜊、文蛤、西施舌、蚌、花甲，多栖于沙质或泥质的水底。

色臭须知

目与鼻，口之邻也，亦口之媒介也。嘉肴[1]到目、到鼻，色臭[2]便有不同。或净若秋云，或艳如琥珀，其芬芳之气，亦扑鼻而来，不必齿决[3]之，舌尝之，而后知其妙也。然求色不可用糖炒，求香不可用香料。一涉粉饰，便伤至味。

【注释】

①嘉肴：通“佳肴”，指美味的菜肴。 ②色臭（xiù）：颜色与气味。 ③决：啃咬咀嚼。

迟速须知

凡人请客，相约于三日之前，自有工夫平章[1]百味。若斗然客至，急需便餐；作客在外，行船落店。此何能取东海之水，救南池之焚乎？必须预备一种急就章[2]之菜，如炒鸡片，炒肉丝，炒虾米豆腐，及糟鱼、茶腿[3]之类，反能因速而见巧者，不可不知。

【注释】

①平章：商量处理。 ②急就章：原指汉元帝时黄门令史游编写的一部蒙童识字课本《急就章》，后比喻人们为了应付需要而匆忙完成的文章或事情。 ③茶腿：火腿。

变换须知

一物有一物之味，不可混而同之。犹如圣人设教[1]，因才乐育，不拘一律。所谓君子成人之美也。今见俗厨，动以鸡、鸭、猪、鹅，一汤同滚，遂令千手雷同，味同嚼蜡。吾恐鸡、猪、鹅、鸭有灵，必到枉死城[2]中告状矣。善治菜者，须多设锅、灶、盂、钵之类，使一物各献一性，一碗各成一味。嗜者舌本应接不暇，自觉心花顿开。

【注释】

①圣人设教：引用《论语·先进篇》中“因材施教”的典故。圣人，孔子。设教，施教。 ②枉死城：据清代《玉历宝钞》记载，枉死城是地藏王菩萨为受无妄之灾而死（由于自杀、灾害、战乱、意外、谋杀等死亡）的鬼魂在地狱创造的一座城市，由十殿阎罗中的第六殿阎罗王卞城王主管。

器具须知

古语云：美食不如美器。斯语是也。然宣、成、嘉、万[1]，窑器太贵，颇愁损伤，不如竟用御窑[2]，已觉雅丽。惟是宜碗者碗，宜盘者盘，宜大者大，宜小者小，参错其间，方觉生色。若板板[3]于十碗八盘之说，便嫌笨俗。大抵物贵者器宜大，物贱者器宜小。煎炒宜盘，汤羹宜碗，煎炒宜铁锅，煨煮宜砂罐。

【注释】

①宣、成、嘉、万：指明代的宣德、成化、嘉靖、万历四朝，在瓷器制作上都十分有特色，有着极高的艺术价值和收藏价值。②竟用御窑：竟，从头到尾，全部。御窑，明清时中央政府在景德镇设立的专门负责生产御用瓷器生产的机构，产品专供宫廷使用。③板板：呆板固执，不知变通。

上菜须知

上菜之法：盐者宜先，淡者宜后；浓者宜先，薄者宜后；无汤者宜先，有汤者宜后。且天下原有五味，不可以咸之一味概之。度[①]客食饱，则脾困矣，须用辛辣以振动[②]之；虑客酒多，则胃疲矣，须用酸甘以提醒[③]之。

【注释】

①度（duó）：计算，推测。②振动：刺激。③提醒：提神醒酒。

时节须知

夏日长而热，宰杀太早，则肉败矣。冬日短而寒，烹饪稍迟，则物生矣。冬宜食牛羊，移之于夏，非其时也。夏宜食干腊[①]，移之于冬，非其时也。辅佐之物，夏宜用芥末，冬宜用胡椒。当三伏天而得冬腌菜，贱物也，而竟成至宝矣。当秋凉时而得行鞭笋[②]，亦贱物也，而视若珍馐[③]矣。有先时而见好者，三月食鲥鱼[④]是也。有后时而见好者，四月食芋艿[⑤]是也。其他亦可类推。有过时而不可吃者，萝卜过时则心空，山笋过时则味苦，刀鲚[⑥]过时则骨硬。所谓四时之序，成功者退，精华已竭，褰裳[⑦]去之也。

【注释】

①干腊：指在冬天（多在腊月）腌制晒干的各类肉食。②行鞭笋：一种形状像鞭子的竹笋。③珍馐（xiū）：珍奇名贵的食物。④鲥（shí）鱼：一种产于长江下游的鱼类，与河豚、刀鱼齐名，素称“长江三鲜”。鲥鱼以当涂至采石一带横江鲥鱼味道最佳，素誉为江南水中珍品，古为纳贡之物，今为中国珍稀名贵经济鱼类。⑤芋艿（yù nǎi）：简称芋，俗称“芋头”，是一种多年生块茎植物。⑥刀鲚（jì）：一种生活在海洋的身体侧扁的鱼类，俗称凤尾鱼，每年春末夏初时会到江河中产卵。⑦褰（qiān）裳：撩起衣裳。褰，用手撩起或提起。

多寡须知

用贵物[①]宜多，用贱物[②]宜少。煎炒之物多，则火力不透，肉亦不松。

故用肉不得过半斤，用鸡、鱼不得过六两[③]。或问：食之不足，如何？曰：俟[④]食毕后另炒可也。以多为贵者，白煮肉，非二十斤以外，则淡而无味。粥亦然，然斗米则汁浆不厚，且须扣水，水多物少，则味亦薄矣。

【注释】

①贵物：贵重难得的食材。 ②贱物：价廉易得的食材。 ③六两：古代十六两为一市斤，六两相当于今天的0.375市斤。 ④俟（sì）：等待。

洁净须知

切葱之刀，不可以切笋；捣椒之臼[①]，不可以捣粉。闻菜有抹布气者，由其布之不洁也；闻菜有砧板[②]气者，由其板之不净也。“工欲善其事，必先利其器[③]。”良厨先多磨刀，多换布，多刮板，多洗手，然后治菜。至于口吸之烟灰，头上之汗汁，灶上之蝇蚁，锅上之烟煤，一玷[④]入菜中，虽绝好烹庖，如西子蒙不洁，人皆掩鼻而过矣。

【注释】

①臼（jiù）：舂米的器具，用石头或木头制成，中间凹下。 ②砧（zhēn）板：俗称菜板，多用木头制成。 ③工欲善其事，必先利其器：出自《论语·卫灵公》，比喻一个人要想做好一件事，必须先做好准备工作。 ④玷（diàn）：本指白玉上的斑点，此处指烟灰、汗汁、蝇蚁、烟煤等脏东西。

用纤[①]须知

俗名豆粉为纤者，即拉船用纤也，须顾名思义。因治肉者要作团而不能合，要作羹而不能腻，故用粉以牵合之。煎炒之时，虑肉贴锅，必至焦老，故用粉以护持之。此纤义也。能解此义用纤，纤必恰当，否则乱用可笑，但觉一片糊涂。《汉制考》[②]齐呼曲麸为媒，媒即纤矣。

【注释】

①纤（qiàn）：通“芡”，是我国烹调中一种用豆粉调制食物的方法，又称勾芡或打芡，目的在于保持菜肴的水分和鲜味，增强菜肴的色彩，使汤汁变得浓稠，也能减少食材在烹制过程中因为高温而导致的营养破坏、流失。 ②《汉制考》：由南宋王应麟考究《汉书》《续汉书》上记载的汉代制度集结而成的一部汉代礼仪典制汇考著作，共四卷，仅举大端而细目简略，为随手抄录未成之书。

选用须知

选用之法，小炒肉用后臀[①]，做肉圆用前夹心[②]，煨肉用硬短勒[③]。炒鱼片用青鱼、季鱼[④]，做鱼松用鲜鱼[⑤]、鲤鱼。蒸鸡用雏鸡，煨鸡用骟鸡[⑥]，取鸡汁用老鸡；鸡用雌才嫩，鸭用雄才肥；莼菜[7]用头，芹韭用根；皆一定之理。余可类推。

【注释】

①后臀：指猪后臀肉，紧靠坐臀部位的肉，呈浅红色，肉质细嫩，适合做肉丁、肉段及切肉丝、肉片等。②前夹心：指位于猪肩颈部下方、铲子骨上方、连有五根肋骨部位的肉，肉质老且筋多，吸收水分较大，适合做肉圆或肉馅。③硬短勒：指位于猪的肋条骨下部位的板状肉。④季鱼：指鳜（guì）鱼，也称桂花鱼、花鲫鱼等。⑤鲜鱼：指草鱼。⑥骟鸡：也称阉鸡、熟鸡，指人为摘除了睾丸的公鸡。⑦莼（chún）菜：一种多年生水生宿根植物，嫩叶可供食用，口感圆融、鲜美滑嫩，古人所谓"莼鲈风味"中的"莼"，就是指的莼菜。

疑似须知

味要浓厚，不可油腻；味要清鲜，不可淡薄。此疑似之间，差之毫厘，失之千里。浓厚者，取精多而糟粕去之谓也。若徒[1]贪肥腻，不如专食猪油矣。清鲜者，真味出而俗尘无之谓也。若徒贪淡薄，则不如饮水矣。

【注释】

①徒：只。

补救须知

名手调羹，咸淡合宜，老嫩如式[1]，原无需补救。不得已为中人说法，则调味者，宁淡毋咸，淡可加盐以救之，咸则不能使之再淡矣。烹鱼者，宁嫩毋老，嫩可加火候以补之，老则不能强之再嫩矣。此中消息[2]，于一切下作料时，静观火色，便可参详[3]。

【注释】

①式：常规。②消息：原指机关上的枢纽，此处指关键。③参详：原为参酌详审，此处指了解、明白。

本份须知

满洲菜多烧煮，汉人菜多羹汤，童而习之，故擅长也。汉请满人，满请汉人，各因所长之菜，转觉入口新鲜，不失邯郸故步[1]。今人忘其本分，而要格外讨好。汉请满人用满菜，满请汉人用汉菜，反致依样葫芦，有名无实，画虎不成反类犬矣。秀才下场[2]，专作自己文字，务极其工[3]，自有遇合[4]。若逢一宗师而摹仿之，逢一主考而摹仿之，则掇皮[5]无异，终身不中矣。

【注释】

①邯郸故步：化用“邯郸学步”的典故，出自《庄子·秋水》。一个燕国人听说赵国的邯郸人走路姿势十分优美，于是来到邯郸学习。结果，他不仅没学会，还忘记了自己原来是如何走路的，最后不得不爬着回到了燕国。后来用这个典故比喻如果一味地模仿别人，不仅学不到本事，反而会把自己原来的本事也丢了。②下场：考场应试。③工：工整，指做好文章。④遇合：相遇而彼此投合。⑤掇（duō）皮：拾取皮毛。

戒单

为政者兴一利，不如除一弊，能除饮食之弊，则思过半矣。作《戒单》。

戒外加油

俗厨制菜，动熬猪油一锅，临上菜时，勺取而分浇之，以为肥腻。甚至燕窝至清之物，亦复受此玷污。而俗人不知，长吞大嚼，以为得油水入腹。故知前生是饿鬼投来。

戒同锅熟

同锅熟之弊，已载前“变换须知”一条中。

戒耳餐

何为耳餐？耳餐者，务名之谓也，食贵物之名，夸敬客之意，是以耳餐，非口餐也。不知豆腐得味，远胜燕窝。海菜不佳，不如蔬笋。余尝谓鸡、猪、鱼、鸭，豪杰之士也，各有本味，自成一家。海参、燕窝，庸陋之人也，全无性情，寄人篱下。尝见某太守宴客，大碗如缸，白煮燕窝四两，丝毫无味，人争夸之。余笑曰：“我辈来吃燕窝，非来贩燕窝也。”可贩不可吃，虽多奚为？若徒夸体面，不如碗中竟放明珠百粒，则价值万金矣。其如吃不得何？

戒目食

何谓目食？目食者，贪多之谓也。今人慕“食前方丈”[①]之名，多盘叠碗，是以目食，非口食也。不知名手写字，多则必有败笔；名人作诗，烦则必有累句。极名厨之心力，一日之中，所作好菜不过四五味耳，尚难拿准，况拉杂横陈乎？就使帮助多人，亦各有意见，全无纪律，愈多愈坏。

余尝过一商家，上菜三撤席，点心十六道，共算食品将至四十余种。主人自觉欣欣得意，而我散席还家，仍煮粥充饥，可想见其席之丰而不洁矣。南朝孔琳之[②]曰："今人好用多品，适口之外，皆为悦目之资。"余以为肴馔[③]横陈，熏蒸腥秽，目亦无可悦也。

【注释】

①食前方丈：出自《孟子·尽心下》，是说吃饭时，面前一丈见方的地方都摆满了食物，后用来形容吃得阔气。 ②孔琳之（369—423）：南朝时晋末宋初的文学家，字彦琳，会稽山阴人，好文义，解音律，能弹琴，妙善草隶，著有《孔琳之集》。 ③肴馔（zhuàn）：肴，鱼、肉等荤菜。馔，饮食。

戒穿凿

物有本性，不可穿凿[①]为之。自成小巧，即如燕窝佳矣，何必捶以为团？海参可矣，何必熬之为酱？西瓜被切，略迟不鲜，竟有制以为糕者。苹果太熟，上口不脆，竟有蒸之以为脯者。他如《尊生八笺》[②]之秋藤饼，李笠翁之玉兰糕，都是矫揉造作，以杞柳为杯棬[③]，全失大方。譬如庸德庸行，做到家便是圣人，何必索隐行怪[④]乎？

【注释】

①穿凿：牵强附会，非常牵强地解释。 ②《尊生八笺》：明代高濂编写的一本内容广博又实用的养生专著，全书共二十卷，以尊生为主旨，分为《清修妙论笺》《四时调摄笺》《却病延年笺》《起居安乐笺》《饮馔服食笺》《灵秘丹药笺》《燕闲清赏笺》《尘外遐举笺》等八笺。 ③以杞柳为杯棬（quān）：出自《孟子·告子上》，比喻物件失去了本来的属性。杞柳，一种杨柳，枝条柔韧，可用来编制箱、筐等器具。杯棬，古代一种用曲木制成的饮器。 ④索隐行怪：出自《汉书·艺文志》，是说人们求索隐暗的事情，行为稀奇古怪，以求名声。

戒停顿

物味取鲜，全在起锅时极锋而试[①]；略为停顿，便如霉过衣裳，虽锦绣绮罗，亦晦闷[②]而旧气可憎矣。尝见性急主人，每摆菜必一齐搬出。于是厨人将一席之菜，都放蒸笼中，候主人催取，通行齐上。此中尚得有佳味哉？在善烹饪者，一盘一碗，费尽心思；在吃者，卤莽暴戾，囫囵吞下，真所谓得哀家梨[③]，仍复蒸食者矣。余到粤东，食杨兰坡明府[④]鳝羹而美，访其故，曰："不过现杀现烹，现熟现吃，不停顿而已。"他物皆可类推。

【注释】

①极锋而试：趁刀锋利的时候用它。原指趁士气高涨的时候使用军队，后比喻趁有利的时机行动，此处指趁菜刚出锅时及时食用。极，乘。锋，锋利。试，试用。 ②晦闷：色泽昏暗淡哑。 ③哀家梨：出自《世说新语·轻诋》，指汉代秣陵人哀仲所种的梨，传说其果大而味美，入口消释，当时人称为“哀家梨”，后用来比喻说话或文章流畅爽利，此处比喻愚人不辨滋味，得好梨仍蒸食之。 ④明府：汉魏以来称太常牧尹为明府。明，贤明。府，郡所居也。

戒暴殄[1]

暴者不恤人功，殄者不惜物力。鸡、鱼、鹅、鸭，自首至尾，俱有味存，不必少取多弃也。尝见烹甲鱼者，专取其裙[2]而不知味在肉中；蒸鲥鱼者，专取其肚而不知鲜在背上。至贱莫如腌蛋，其佳处虽在黄不在白，然全去其白而专取其黄，则食者亦觉索然矣。且予为此言，并非俗人惜福之谓，假设暴殄而有益于饮食，犹之可也。暴殄而反累于饮食，又何苦为之？至于烈炭以炙活鹅之掌，刳[3]刀以取生鸡之肝，皆君子所不为也。何也？物为人用，使之死可也，使之求死不得不可也。

【注释】

①殄（tiǎn）：尽，绝。 ②裙：甲鱼介壳边缘很软的一圈软肉。 ③刳（tuán）：割。

戒纵酒

事之是非，惟醒人能知之；味之美恶，亦惟醒人能知之。伊尹[1]曰：“味之精微，口不能言也。”口且不能言，岂有呼呶[2]酗酒之人，能知味者乎？往往见拇战[3]之徒，啖佳菜如啖木屑，心不存焉。所谓惟酒是务，焉知其余，而治味之道扫地矣。万不得已，先于正席尝菜之味，后于撤席逞酒之能，庶乎其两可也。

【注释】

①伊尹（前1649—前1549）：名挚，小名阿衡，“尹”不是名字，而是“右相”的意思。伊尹因为有高超的烹饪技巧，并担任宰相时政绩杰出，而被后人尊为圣人。 ②呼呶（náo）：高声喧闹。呶，喧闹声。 ③拇战：猜拳。

戒火锅

冬日宴客，惯用火锅，对客喧腾，已属可厌。且各菜之味，有一定火候，宜文宜武，宜撤宜添，瞬息难差。今一例以火逼之，其味尚可问哉？

近人用烧酒代炭，以为得计，而不知物经多滚，总能变味。或问："菜冷奈何？"曰："以起锅滚热之菜，不使客登时食尽，而尚能留之以至于冷，则其味之恶劣可知矣。"

戒强让

治具[1]宴客，礼也。然一肴既上，理宜凭客举箸，精肥整碎，各有所好，听从客便，方是道理，何必强让之？常见主人以箸夹取，堆置客前，污盘没碗，令人生厌。须知客非无手无目之人，又非儿童、新妇，怕羞忍饿，何必以村妪小家子之见解待之？其慢客也至矣！近日倡家[2]，尤多此种恶习，以箸取菜，硬入人口，有类强奸，殊为可恶。长安有甚好请客而菜不佳者，一客问曰："我与君算相好乎？"主人曰："相好！"客跽[3]而请曰："果然相好，我有所求，必允许而后起。"主人惊问："何求？"曰："此后君家宴客，求免见招。"合坐为之大笑。

【注释】

①治具：置办酒席。 ②倡家：或指歌妓，因古代称歌舞艺人为倡。 ③跽（jì）：席地跪坐，双膝着地，上身挺直。

戒走油[1]

凡鱼、肉、鸡、鸭，虽极肥之物，总要使其油在肉中，不落汤中，其味方存而不散。若肉中之油，半落汤中，则汤中之味，反在肉外矣。推原其病有三：一误于火太猛，滚急水干，重番加水；一误于火势忽停，既断复续；一病在于太要相度[2]，屡起锅盖，则油必走。

【注释】

①走油：肉中的脂肪美味流失。油，肉所含的脂肪美味。 ②太要相度：太要，急于。相度，观察。

戒落套

唐诗最佳，而五言八韵之试帖[1]，名家不选，何也？以其落套故也。诗尚如此，食亦宜然。今官场之菜，名号有"十六碟""八簋[2]""四点心"之称，有"满汉席"之称，有"八小吃"之称，有"十大菜"之称，种种俗名，皆恶厨陋习，只可用之于新亲上门，上司入境，以此敷衍，配上椅披桌裙，插屏香案，三揖百拜方称。若家居欢宴，文酒[3]开筵，安可用此恶套哉？必须盘碗参差，整散杂进，方有名贵之气象。余家寿筵婚席，动至五六桌者，传唤外厨，亦不免落套。然训练之卒，范我驰驱[4]者，其味亦终竟不同。

【注释】

①试帖：试帖诗，唐代以来的科举考试中采用的一种诗体，大抵是用古人诗句命题，其诗或五言或七言，或八韵或六韵，题以“赋得”二字，因此也称赋得体。 ②簋（guǐ）：古代用来盛放熟食的器皿，圆口双耳，也用作礼器。 ③文酒：饮酒赋诗。 ④范我驰驱：出自《孟子·滕文公下》，是指按照规矩法度来驾车奔驰。范，法则，规范，使之合理。

戒混浊

混浊者，并非浓厚之谓。同一汤也，望去非黑非白，如缸中搅浑之水。同一卤也，食之不清不腻，如染缸倒出之浆。此种色味令人难耐。救之之法，总在洗净本身，善加作料，伺察水火，体验酸咸，不使食者舌上有隔皮隔膜之嫌。庾子山[①]论文云：“索索无真气，昏昏有俗心。”[②]是即混浊之谓也。

【注释】

①庾子山（513—581）：南北朝时期的文学家、诗人庾信，字子山，小字兰成，南阳新野（今河南新野）人，其家“七世举秀才”“五代有文集”，庾信本人更是“幼而俊迈，聪敏绝伦”，擅长宫体诗，与徐陵一起开创了“徐庾体”，著有《庾子山集》。 ②索索无真气，昏昏有俗心：出自庾信《拟咏怀》一诗。索索，冷清、了无生气的样子。昏昏，糊涂、迷乱的样子。

戒苟且

凡事不宜苟且，而于饮食尤甚。厨者，皆小人下材，一日不加赏罚，则一日必生怠玩。火齐[①]未到而姑且下咽，则明日之菜必更加生。真味已失而含忍不言，则下次之羹必加草率。且又不止空赏空罚而已也。其佳者，必指示其所以能佳之由；其劣者，必寻求其所以致劣之故。咸淡必适其中，不可丝毫加减；久暂必得其当，不可任意登盘。厨者偷安，吃者随便，皆饮食之大弊。审问慎思明辨[②]，为学之方也；随时指点，教学相长，作师之道也。于是味何独不然也？

【注释】

①火齐：火候。 ②审问慎思明辨：化用《中庸》中关于治学的名句，“审问之，慎思之，明辨之”。审问，详细询问。慎思，慎重思考。明辨，明确地辨析。

海鲜单

古八珍[1]并无海鲜之说。今世俗尚之，不得不吾从众。作《海鲜单》。

【注释】

①古八珍：指《周礼·天官冢宰》中记载的以多种烹饪方法制作的八种珍贵菜肴：淳熬（肉酱油浇饭）、淳母（肉酱油浇黄米饭）、炮豚（煨、烤、炸、炖乳猪）、炮牂（zāng）（煨、烤、炸、炖羔羊）、捣珍（烧牛、羊、鹿里脊）、渍（酒糖牛羊肉）、熬（类似五香牛肉干）和肝膋（liáo）（网油烤狗肝）等。后用八珍代指珍贵的食物。

燕窝

燕窝贵物，原不轻用。如用之，每碗必须二两，先用天泉[1]滚水泡之，将银针挑去黑丝。用嫩鸡汤、好火腿汤、新蘑菇三样汤滚之，看燕窝变成玉色为度。此物至清，不可以油腻杂之；此物至文[2]，不可以武物[3]串之。今人用肉丝、鸡丝杂之，是吃鸡丝、肉丝，非吃燕窝也。且徒务其名，往往以三钱生燕窝盖碗面，如白发数茎，使客一撩不见，空剩粗物满碗。真乞儿卖富，反露贫相。不得已则蘑菇丝、笋尖丝、鲫鱼肚、野鸡嫩片尚可用也。余到粤东，杨明府冬瓜燕窝甚佳，以柔配柔，以清入清，重用鸡汁、蘑菇汁而已。燕窝皆作玉色，不纯白也。或打作团，或敲成面，俱属穿凿。

【注释】

①天泉：天然泉水。②文：柔。③武物：质地刚硬的食材。

海参三法

海参，无味之物，沙多气腥，最难讨好。然天性浓重，断不可以清汤煨也。须检小刺参，先泡去沙泥，用肉汤滚泡三次，然后以鸡、肉两汁红煨极烂。辅佐则用香蕈[1]、木耳，以其色黑相似也。大抵明日请客，则先一日要煨，海参才烂。尝见钱观察[2]家，夏日用芥末、鸡汁拌冷海参丝，甚佳。或切小碎丁，用笋丁、香蕈丁入鸡汤煨作羹。蒋侍郎家用豆腐皮、鸡腿、蘑菇煨海参，亦佳。

【注释】

①香蕈（xùn）：香菇。②观察：清代道员的俗称。

鱼翅二法

鱼翅难烂，须煮两日，才能摧刚为柔。用有二法：一用好火腿、好鸡汤，加鲜笋、冰糖钱许煨烂，此一法也；一纯用鸡汤串细萝卜丝，拆碎鳞翅搀和其中，飘浮碗面，令食者不能辨其为萝卜丝、为鱼翅，此又一法也。用火腿者，汤宜少；用萝卜丝者，汤宜多。总以融洽柔腻为佳。若海参触鼻[①]，鱼翅跳盘[②]，便成笑话。吴道士家做鱼翅，不用下鳞[③]，单用上半原根，亦有风味。萝卜丝须出水二次，其臭才去。尝在郭耕礼家吃鱼翅炒菜，妙绝！惜未传其方法。

【注释】

①海参触鼻：如果海参没有泡发好，烹调时就难以煨烂，食用时就会因为海参僵硬而触碰到鼻尖。 ②鱼翅跳盘：如果鱼翅没有泡发好，烹饪时也难以煮烂，进食时就不容易夹取，容易滑出盘外。 ③下鳞：鱼翅的下半段。

鳆鱼[①]

鳆鱼炒薄片甚佳，杨中丞家，削片入鸡汤豆腐中，号称“鳆鱼豆腐”；上加陈糟油[②]浇之。庄太守用大块鳆鱼煨整鸭，亦别有风趣。但其性坚，终不能齿决。火煨三日，才拆得碎。

【注释】

①鳆（fù）鱼：鲍鱼。 ②陈糟油：一种以酒糟为主要原料制成的调味品。

淡菜

淡菜[①]煨肉加汤，颇鲜，取肉去心，酒炒亦可。

【注释】

①淡菜：贻贝科动物的贝肉经煮熟晒干制成的肉干。

海蝘[①]

海蝘，宁波小鱼也，味同虾米，以之蒸蛋甚佳。作小菜亦可。

【注释】

①海蝘（yǎn）：产于浙江沿海一带的一种小鱼，味似虾米。

乌鱼蛋

乌鱼蛋最鲜，最难服事[①]。须河水滚透，撤沙去腥，再加鸡汤、蘑菇煨烂。龚云若司马家，制之最精。

【注释】

①服事：处理，调制。

江瑶柱[①]

江瑶柱出产宁波，治法与蚶、蛏[②]同。其鲜脆在柱，故剖壳时，多弃少取。

【注释】

①江瑶柱：又称干贝，是用扇贝的闭壳肌风干制成的一种名贵海产品，营养价值极高。 ②蛏（chēng）：一种介壳两扇的形狭而长的软体动物，生活在近岸的海水里，肉味鲜美。

蛎黄[①]

蛎黄生石子上。壳与石子胶粘不分。剥肉作羹，与蚶、蛤相似。一名鬼眼，乐清、奉化[②]两县土产，别地所无。

【注释】

①蛎黄：一种带贝壳的软体动物，也称牡蛎、生蚝，肉可食用，又能提制蚝油。 ②乐清、奉化：均属浙江辖地。

江鲜单

郭璞[①]《江赋》鱼族甚繁。今择其常有者治之。作《江鲜单》。

【注释】

①郭璞（276—324）：东晋著名文学家、训诂学家、风水学者，字景纯，河东郡闻喜县（今山西闻喜县）人，好古文、奇字，精天文、历算、卜筮，擅诗赋，是游仙诗祖师，著《江赋》记载各种鱼类。

刀鱼二法

刀鱼用蜜酒酿、清酱，放盘中，如鲥鱼法，蒸之最佳，不必加水。如嫌刺多，则将极快刀刮取鱼片，用钳抽去其刺。用火腿汤、鸡汤、笋汤煨之，鲜妙绝伦。金陵[①]人畏其多刺，竟油炙极枯，然后煎之。谚曰："驼背夹直，其人不活。"此之谓也。或用快刀，将鱼背斜切之，使碎骨尽断，再下锅煎黄，加作料，临食时竟不知有骨：芜湖陶大太法也。

【注释】

①金陵：今江苏南京，古称金陵。

鲥鱼

鲥鱼用蜜酒[①]蒸食，如治刀鱼之法便佳。或竟用油煎，加清酱、酒酿[2]亦佳。万不可切成碎块，加鸡汤煮；或去其背，专取肚皮，则真味全失矣。

【注释】

①蜜酒：指用蜂蜜酿造的酒，也可能泛指甜酒。 ②酒酿：用蒸熟的江米（糯米）拌上酒酵（一种特殊的微生物酵母）发酵而成的一种甜米酒，也称醪糟、米酒、甜酒、甜米酒、糯米酒、江米酒、酒糟等。

鲟鱼

尹文端公[1]，自夸治鲟鳇[2]最佳。然煨之太熟，颇嫌重浊。惟在苏州唐氏，吃炒鳇鱼片甚佳。其法切片油炮[3]，加酒、秋油滚三十次，下水再滚起锅，加作料，重用瓜、姜、葱花。又一法，将鱼白水煮十滚，去大骨，肉切小方块，取明骨[4]切小方块；鸡汤去沫，先煨明骨八分熟，下酒、秋油，再下鱼肉，煨二分烂起锅，加葱、椒、韭，重用姜汁一大杯。

【注释】

①尹文端公（1695—1771）：清代大臣尹继善，字元长，号望山，满洲镶黄旗人，曾任编修、两江总督，官至文华殿大学士兼军机大臣，著有《尹文端公诗集》，曾参修《江南通志》。 ②鲟鳇：鱼名，也称鳣（zhān），产自江河及近海深水中，无鳞，状似鲟鱼，长者至二三丈，背有骨甲，鼻长，口近颔下，有触须，脂深黄，与淡黄色之肉层层相间。 ③油炮：油爆，用大量热油将食物爆炒至熟的一种烹饪方法。 ④明骨：鲟鳇鱼的头骨，色白质软，味美，或称鲟脆。

黄鱼

黄鱼切小块，酱酒郁[1]一个时辰，沥干。入锅爆炒两面黄，加金华豆豉一茶杯，甜酒一碗，秋油一小杯，同滚。候卤干色红，加糖，加瓜姜收起，有沉浸浓郁之妙。又一法，将黄鱼拆碎，入鸡汤作羹，微用甜酱水、纤粉收起之，亦佳。大抵黄鱼亦系浓厚之物，不可以清治之也。

【注释】

①郁：密封浸泡。

班鱼[1]

班鱼最嫩，剥皮去秽，分肝、肉二种，以鸡汤煨之，下酒三分、水二分、秋油一分；起锅时，加姜汁一大碗、葱数茎，杀去腥气。

【注释】

①班鱼：也称鲐鱼、斑点鱼，形状和河豚相似，盛产于长江下游地区，肉质较粗劣，有腥气。

假蟹

煮黄鱼二条，取肉去骨，加生盐蛋四个，调碎，不拌入鱼肉；起油锅炮，下鸡汤滚，将盐蛋搅匀，加香蕈、葱、姜汁、酒，吃时酌用醋。

特牲单

猪用最多，可称“广大教主[①]”。宜古人有特豚馈食[②]之礼。作《特牲单》。

【注释】

①广大教主：各种菜色物料的首领。 ②特豚馈食：特豚，整头猪。馈食，献熟食，是一种古代的天子诸侯每月朔朝庙的祭礼。

猪头二法

洗净五斤重者，用甜酒三斤；七八斤者，用甜酒五斤。先将猪头下锅同酒煮，下葱三十根、八角三钱，煮二百余滚；下秋油一大杯、糖一两，候熟后尝咸淡，再将秋油加减；添开水要漫过猪头一寸，上压重物，大火烧一炷香；退出大火，用文火细煨，收干以腻为度；烂后即开锅盖，迟则走油。一法打木桶一个，中用铜帘隔开，将猪头洗净，加作料闷入桶中，用文火隔汤蒸之，猪头熟烂，而其腻垢悉从桶外流出，亦妙。

猪蹄四法

蹄膀一只，不用爪，白水煮烂，去汤，好酒一斤，清酱酒杯半，陈皮一钱，红枣四五个，煨烂。起锅时，用葱、椒、酒泼入，去陈皮、红枣，此一法也。又一法：先用虾米煎汤代水，加酒、秋油煨之。又一法：用蹄膀一只，先煮熟，用素油灼皱其皮，再加作料红煨。有土人好先掇[①]食其皮，号称“揭单被”。又一法：用蹄膀一个，两钵合之，加酒、加秋油，隔水蒸之，以二枝香为度，号“神仙肉”。钱观察家制最精。

【注释】

①掇（duō）：拾取，削除。

猪爪、猪筋

专取猪爪，剔去大骨，用鸡肉汤清煨之。筋味与爪相同，可以搭配；有好腿爪，亦可搀入。

猪肚二法

将肚洗净，取极厚处，去上下皮，单用中心，切骰子[①]块，滚油炮炒，加作料起锅，以极脆为佳。此北人法也。南人白水加酒，煨两枝香，以极烂为度，蘸清盐食之，亦可；或加鸡汤作料，煨烂熏切，亦佳。

【注释】

①骰（tóu）子：古代一种游戏时用来投掷的博具，相传为三国时曹操的儿子曹植所创，多为木制或骨制的正立方体。

猪肺二法

洗肺最难，以冽[①]尽肺管血水，剔去包衣为第一着。敲之仆[②]之，挂之倒之，抽管割膜，工夫最细。用酒水滚一日一夜。肺缩小如一片白芙蓉，浮于汤面，再加作料。上口如泥。汤西厓少宰[③]宴客，每碗四片，已用四肺矣。近人无此工夫，只得将肺拆碎，入鸡汤煨烂亦佳。得野鸡汤更妙，以清配清故也。用好火腿煨亦可。

【注释】

①冽：同“沥”，滴落。 ②仆：同“扑”，扑打，敲打。 ③少宰：官名，明清时对吏部侍郎的俗称。

猪腰

腰片炒枯则木，炒嫩则令人生疑；不如煨烂，蘸椒盐食之为佳。或加作料亦可。只宜手摘，不宜刀切。但须一日工夫，才得如泥耳。此物只宜独用，断不可搀入别菜中，最能夺味而惹腥。煨三刻则老，煨一日则嫩。

猪里肉[①]

猪里肉，精而且嫩。人多不食。尝在扬州谢蕴山太守席上，食而甘之。云以里肉切片，用纤粉团成小把，入虾汤中，加香蕈、紫菜清煨，一熟便起。

【注释】

①猪里肉：猪里脊肉，指猪脊骨外与脊骨平行的一条肉。

白片肉

须自养之猪，宰后入锅，煮到八分熟，泡在汤中，一个时辰[①]取起。将猪身上行动之处[②]，薄片上桌，不冷不热，以温为度。此是北人擅长之菜。南人效之，终不能佳。且零星市脯，亦难用也。寒士[③]请客，宁用燕窝，不用白片肉，以非多不可故也。割法须用小快刀片之，以肥瘦相参，横斜碎杂为佳，与圣人“割不正不食”[4]一语，截然相反。其猪身，肉之名目甚多，满洲“跳神肉[5]”最妙。

【注释】

①时辰：古代的计时单位。古代把一昼夜分为十二个时辰，各以地支为名：子（zǐ）、丑（chǒu）、寅（yín）、卯（mǎo）、辰（chén）、巳（sì）、午（wǔ）、未（wèi）、申（shēn）、酉（yǒu）、戌（xū）、亥（hài）。一个时辰合今天的两个小时。从半夜十一点开始起算，半夜十一点到一点是子时，中午十一点到一点是午时。②猪身上行动之处：猪身上经常活动到的部位，可能指猪的前后腿。③寒士：本指衣单身寒的士兵，魏晋南北朝以后多指出身寒微的读书人。④割不正不食：出自《论语·乡党》，指肉切得不方正就不吃。⑤跳神肉：也称阿玛尊肉。满族曾有一种叫作“跳神仪”的传统大礼，无论富贵士宦，其室内必供奉神牌，敬神、祭祖。春秋择日致祭，祭神时将猪肉白煮，祭礼结束后，众人席地割肉而食，不加盐酱，味甚嫩美，称跳神肉。

红煨肉三法

或用甜酱，或用秋油，或竟不用秋油、甜酱。每肉一斤，用盐三钱，纯酒煨之；亦有用水者，但须熬干水气。三种治法皆红如琥珀，不可加糖炒色。早起锅则黄，当可则红，过迟则红色变紫，而精肉转硬。常起锅盖，则油走而味都在油中矣。大抵割肉虽方，以烂到不见锋棱，上口而精肉俱化为妙。全以火候为主。谚云：“紧火粥，慢火肉。”至哉言乎！

白煨肉

每肉一斤，用白水煮八分好，起出去汤；用酒半斤，盐二钱半，煨一个时辰。用原汤一半加入，滚干汤腻为度，再加葱、椒、木耳、韭菜之类。火先武后文。又一法：每肉一斤，用糖一钱，酒半斤，水一斤，清酱半茶杯；先放酒，滚肉一二十次，加茴香一钱，加水闷烂，亦佳。

油灼肉

用硬短勒切方块，去筋襻[1]，酒酱郁过，入滚油中炮炙[2]之，使肥者不腻，精者肉松。将起锅时，加葱、蒜，微加醋喷之。

【注释】

①筋襻（pàn）：瘦肉或骨头上的白色条状物。②炮炙：本指将中药材在火上炙烤，此处指将肉放入滚油中煎炸。

干锅蒸肉

用小磁钵，将肉切方块，加甜酒、秋油，装大钵内封口，放锅内，下用文火干蒸之。以两枝香为度，不用水。秋油与酒之多寡，相肉而行，以盖满肉面为度。

盖碗装肉

放手炉上，法与前同。

磁坛装肉

放砻糠①中慢煨。法与前同。总须封口。

【注释】

①砻（lóng）糠：稻谷经砻辗磨后脱下的壳。砻，一种去掉稻壳的农具，形状类似磨，多是竹制或泥制的。

脱沙肉

去皮切碎，每一斤用鸡子①三个，青黄俱用，调和拌肉；再斩碎，入秋油半酒杯，葱末拌匀，用网油②一张裹之；外再用菜油四两，煎两面，起出去油；用好酒一茶杯，清酱半酒杯，闷透，提起切片；肉之面上，加韭菜、香蕈、笋丁。

【注释】

①鸡子：鸡蛋。 ②网油：包裹在猪大肠上的一层薄脂油，剥除后的形状如网。

晒干肉

切薄片精肉，晒烈日中，以干为度。用陈大头菜，夹片干炒。

火腿煨肉

火腿切方块，冷水滚三次，去汤沥干；将肉切方块，冷水滚二次，去汤沥干；放清水煨，加酒四两、葱、椒、笋、香蕈。

台鲞煨肉

法与火腿煨肉同。鲞易烂，须先煨肉至八分，再加鲞；凉之则号“鲞冻”。绍兴人菜也。鲞不佳者，不必用。

粉蒸肉

用精肥参半之肉，炒米粉黄色，拌面酱蒸之，下用白菜作垫。熟时不但肉美，菜亦美。以不见水，故味独全。江西人菜也。

熏煨肉

先用秋油、酒将肉煨好，带汁上木屑，略熏之，不可太久，使干湿参半，香嫩异常。吴小谷广文[1]家，制之精极。

【注释】

①广文：明清时对儒家教官的称呼。

芙蓉肉

精肉一斤，切片，清酱拖过，风干一个时辰。用大虾肉四十个，猪油二两，切骰子大，将虾肉放在猪肉上。一只虾，一块肉，敲扁，将滚水煮熟撩起。熬菜油半斤，将肉片放在眼铜勺内，将滚油灌熟[1]。再用秋油半酒杯，酒一杯，鸡汤一茶杯，熬滚，浇肉片上，加蒸粉、葱、椒糁[2]上起锅。

【注释】

①灌熟：用滚油反复浇浸食物，直到食物变熟为止。②糁（sǎn）：溅，洒。

荔枝肉

用肉切大骨牌[1]片，放白水煮二三十滚，撩起；熬菜油半斤，将肉放入炮透，撩起，用冷水一激，肉皱，撩起；放入锅内，用酒半斤，清酱一小杯，水半斤，煮烂。

【注释】

①骨牌：古代的一种牌类娱乐，多用于赌博，也称牌九，多用乌木、竹子、骨头或象牙制成。

八宝肉

用肉一斤，精、肥各半，白煮一二十滚，切柳叶片。小淡菜二两，鹰爪[1]二两，香蕈一两，花海蜇[2]二两，胡桃肉四个去皮，笋片四两，好火腿二两，麻油一两。将肉入锅，秋油、酒煨至五分熟，再加余物，海蜇下在最后。

【注释】

①鹰爪：嫩茶，因为嫩茶芽的形状大多弯曲如鹰爪。②花海蜇（zhé）：海蜇头。

菜花头煨肉

用台心菜嫩蕊，微腌，晒干用之。

炒肉丝

切细丝，去筋襻、皮、骨，用清酱、酒郁片时，用菜油熬起，白烟变青烟后，下肉炒匀，不停手，加蒸粉，醋一滴，糖一撮，葱白、韭蒜之类；只炒半斤，大火，不用水。又一法：用油泡后，用酱水加酒略煨，起锅红色，加韭菜尤香。

炒肉片

将肉精、肥各半，切成薄片，清酱拌之。入锅油炒，闻响即加酱、水、葱、瓜、冬笋、韭芽，起锅火要猛烈。

八宝肉圆

猪肉精、肥各半，斩成细酱，用松仁、香蕈、笋尖、荸荠、瓜、姜之类，斩成细酱，加纤粉和捏成团，放入盘中，加甜酒、秋油蒸之。入口松脆。家致华云："肉圆宜切，不宜斩。"必别有所见。

空心肉圆

将肉捶碎郁过，用冻猪油一小团作馅子，放在团内蒸之，则油流去，而团子空心矣。此法镇江人最善。

锅烧肉

煮熟不去皮，放麻油灼过，切块加盐，或蘸清酱，亦可。

酱肉

先微腌，用面酱酱之，或单用秋油拌郁，风干。

糟肉

先微腌，再加米糟。

暴腌肉

微盐擦揉，三日内即用。以上三味，皆冬月菜也。春夏不宜。

尹文端公家风肉

杀猪一口，斩成八块，每块炒盐四钱，细细揉擦，使之无微不到。然后高挂有风无日处。偶有虫蚀，以香油涂之。夏日取用，先放水中泡一宵，再煮，水亦不可太多太少，以盖肉面为度。削片时，用快刀横切，不可顺肉丝而斩也。此物惟尹府至精，常以进贡。今徐州风肉不及，亦不知何故。

家乡肉

杭州家乡肉，好丑不同。有上、中、下三等。大概淡而能鲜，精肉可横咬者为上品。放久即是好火腿。

笋煨火肉

冬笋切方块，火肉[①]切方块，同煨。火腿撤去盐水两遍，再入冰糖煨烂。席武山别驾[②]云：凡火肉煮好后，若留作次日吃者，须留原汤，待次日将火肉投入汤中滚热才好。若干放离汤，则风燥而肉枯；用白水，则又味淡。

【注释】

①火肉：火腿肉。 ②别驾：官名，也称别驾从事，原是汉代州刺史的佐官，因随刺史出巡时另外乘坐使车，因此称别驾。清代用以指长官的副手。

烧小猪

小猪一个，六七斤重者，钳[①]毛去秽，叉上炭火炙之。要四面齐到，以深黄色为度。皮上慢慢以奶酥油涂之，屡涂屡炙。食时酥为上，脆次之，硬斯下矣。旗人[②]有单用酒、秋油蒸者，亦惟吾家龙文弟，颇得其法。

【注释】

①钳（qián）：夹，夹取。 ②旗人：原指隶属清代八旗制度中的满族人，后泛指满族人。

烧猪肉

凡烧猪肉，须耐性。先炙里面肉，使油膏走入皮内，则皮松脆而味不走。若先炙皮，则肉中之油尽落火上，皮既焦硬，味亦不佳。烧小猪亦然。

排骨

取勒[①]条排骨精肥各半者，抽去当中直骨，以葱代之，炙用醋、酱，频频刷上，不可太枯。

【注释】

①勒：通“肋”。

罗蓑肉

以作鸡松法作之。存盖面之皮。将皮下精肉斩成碎团，加作料烹熟。聂厨能之。

端州[①]三种肉

一罗蓑肉。一锅烧白肉，不加作料，以芝麻、盐拌之；切片煨好，以清酱拌之。三种俱宜于家常。端州聂、李二厨所作。特令杨二学之。

【注释】

①端州：今广东肇庆端州区。

杨公圆

杨明府作肉圆，大如茶杯，细腻绝伦。汤尤鲜洁，入口如酥。大概去筋去节，斩之极细，肥瘦各半，用纤合匀。

黄芽菜煨火腿

用好火腿，削下外皮，去油存肉。先用鸡汤，将皮煨酥，再将肉煨酥，放黄芽菜心，连根切段，约二寸许长；加蜜、酒酿及水，连煨半日。上口甘鲜，肉菜俱化，而菜根及菜心，丝毫不散。汤亦美极。朝天宫道士法也。

蜜火腿

取好火腿，连皮切大方块，用蜜酒煨极烂，最佳。但火腿好丑、高低，判若天渊。虽出金华、兰溪、义乌三处，而有名无实者多。其不佳者，反不如腌肉矣。惟杭州忠清里王三房家，四钱一斤者佳。余在尹文端公苏州公馆吃过一次，其香隔户便至，甘鲜异常。此后不能再遇此尤物矣。

杂牲单

牛、羊、鹿三牲，非南人家常时有之之物。然制法不可不知。作《杂牲单》。

牛肉

买牛肉法，先下各铺定钱[①]，凑取[②]腿筋夹肉处，不精不肥。然后带回家中，剔去皮膜，用三分酒、二分水清煨，极烂；再加秋油收汤。此太牢[③]独味孤行者也，不可加别物配搭。

【注释】

①定钱：定价。②凑取：选取。③太牢：古代帝王祭祀社稷时，牛、羊、豕（shǐ，猪）三牲全备为“太牢”，后专指牛。

牛舌

牛舌最佳。去皮、撕膜、切片，入肉中同煨。亦有冬腌风干者，隔年食之，极似好火腿。

羊头

羊头毛要去净；如去不净，用火烧之。洗净切开，煮烂去骨。其口内老皮，俱要去净。将眼睛切成二块，去黑皮，眼珠不用，切成碎丁。取老肥母鸡汤煮之，加香蕈、笋丁，甜酒四两，秋油一杯。如吃辣，用小胡椒十二颗、葱花十二段；如吃酸，用好米醋一杯。

羊蹄

煨羊蹄，照煨猪蹄法，分红、白二色。大抵用清酱煮红，用盐者白。山药配之宜。

羊羹

取熟羊肉斩小块，如骰子大。鸡汤煨，加笋丁、香蕈丁、山药丁同煨。

羊肚羹

将羊肚洗净，煮烂切丝，用本汤煨之。加胡椒、醋俱可。北人炒法，南人不能如其脆。钱玙沙[①]方伯[②]家，锅烧羊肉极佳，将求其法。

【注释】

①钱玙（yú）沙：钱琦（1709—1790），字相人，一字湘纯，号玙沙，晚号耕石老人、历官河南道御史、江苏按察使、福建分政使。②方伯：指一方诸侯之长，后泛指地方长官。

红煨羊肉

与红煨猪肉同。加刺眼核桃，放入去膻。亦古法也。

炒羊肉丝

与炒猪肉丝同。可以用纤，愈细愈佳。葱丝拌之。

烧羊肉

羊肉切大块，重五七斤者，铁叉火上烧之。味果甘脆，宜惹宋仁宗夜半之思[①]也。

【注释】

①宋仁宗夜半之思：化用自《宋史·仁宗本纪》：“宫中夜饥，思膳烧羊。”

全羊

全羊法有七十二种，可吃者不过十八九种而已。此屠龙之技[①]，家厨难学。一盘一碗，虽全是羊肉，而味各不同才好。

【注释】

①屠龙之技：出自《庄子·列御寇》，本指宰杀蛟龙的技能，后指高超技艺。

鹿肉

鹿肉不可轻得。得而制之，其嫩鲜在獐肉之上。烧食可，煨食亦可。

鹿筋二法

鹿筋难烂。须三日前，先捶煮之，绞出臊水数遍，加肉汁汤煨之，再用鸡汁汤煨；加秋油、酒，微纤收汤；不搀他物，便成白色，用盘盛之。如兼用火腿、冬笋、香蕈同煨，便成红色，不收汤，以碗盛之。白色者，加花椒细末。

獐肉

制獐肉，与制牛、鹿同。可以作脯。不如鹿肉之活，而细腻过之。

果子狸

果子狸，鲜者难得。其腌干者，用蜜酒酿，蒸熟，快刀切片上桌。先用米泔水泡一日，去尽盐秽。较火腿觉嫩而肥。

假牛乳

用鸡蛋清拌蜜酒酿，打掇入化[①]，上锅蒸之。以嫩腻为主。火候迟便老，蛋清太多亦老。

【注释】

①打掇（duō）入化：不断搅动，使之融为一体。

鹿尾

尹文端公品味，以鹿尾为第一。然南方人不能常得。从北京来者，又苦不鲜新。余尝得极大者，用菜叶包而蒸之，味果不同。其最佳处，在尾上一道浆[①]耳。

【注释】

①一道浆：指鹿尾脂肪最丰富的部位。

羽族单

鸡功最巨，诸菜赖之。如善人积阴德而人不知。故令领羽族之首，而以他禽附之。作《羽族单》。

白片鸡

肥鸡白片，自是太羹[①]、玄酒[②]之味。尤宜于下乡村、入旅店，烹饪不及之时，最为省便。煮时水不可多。

【注释】

①太羹：古代祭祀时所用的肉汁，因不用任何调料，也指肉的本来味道。②玄酒：上古无酒，因此在祭祀时以水代酒，后引申为薄酒。水本无色，但古人认为水属黑色，故称玄酒。

鸡松

肥鸡一只，用两腿，去筋骨剁碎，不可伤皮。用鸡蛋清、粉纤、松子肉，同剁成块。如腿不敷用，添脯子肉[①]，切成方块，用香油灼黄，起放钵头内，加百花酒半斤、秋油一大杯、鸡油一铁勺，加冬笋、香蕈、姜、葱等。将所余鸡骨皮盖面，加水一大碗，下蒸笼蒸透，临吃去之。

【注释】

①脯子肉：胸脯肉，此处指鸡胸肉。

生炮鸡

小雏鸡斩小方块，秋油、酒拌，临吃时拿起，放滚油内灼之，起锅又灼，连灼三回，盛起，用醋、酒、粉纤、葱花喷之。

鸡粥

肥母鸡一只，用刀将两脯肉去皮细刮，或用刨刀亦可；只可刮刨，不可斩，斩之便不腻矣。再用余鸡熬汤下之。吃时加细米粉、火腿屑、松子肉，共敲碎放汤内。起锅时放葱、姜，浇鸡油，或去渣，或存渣，俱可。宜于老人。大概斩碎者去渣，刮刨者不去渣。

焦鸡

肥母鸡洗净，整下锅煮。用猪油四两、茴香四个，煮成八分熟，再拿香油灼黄，还下原汤熬浓，用秋油、酒、整葱收起。临上片碎，并将原卤浇之，或拌蘸亦可。此杨中丞家法也。方辅兄家亦好。

捶鸡

将整鸡捶碎，秋油、酒煮之。南京高南昌太守家，制之最精。

炒鸡片

用鸡脯肉去皮，斩成薄片。用豆粉、麻油、秋油拌之，纤粉调之，鸡蛋清拌。临下锅加酱、瓜、姜、葱花末。须用极旺之火炒。一盘不过四两，火气才透。

蒸小鸡

用小嫩鸡雏，整放盘中，上加秋油、甜酒、香蕈、笋尖，饭锅上蒸之。

酱鸡

生鸡一只，用清酱浸一昼夜，而风干之。此三冬菜也。

鸡丁

取鸡脯子，切骰子小块，入滚油炮[1]炒之，用秋油、酒收起；加荸荠[2]丁、笋丁、香蕈丁拌之，汤以黑色为佳。

【注释】

①炮（bāo）：也称爆，指将食物放入油锅猛火快炒快煎。 ②荸荠（bí qi）：也称马蹄、水栗、凫茈、乌芋、菩荠、地梨，皮色紫黑，肉质洁白，味甜多汁，清脆可口。

鸡圆

斩鸡脯子肉为圆，如酒杯大，鲜嫩如虾团。扬州臧八太爷家，制之最精。法用猪油、萝卜、纤粉揉成，不可放馅。

蘑菇煨鸡

口蘑菇[1]四两，开水泡去砂，用冷水漂，牙刷擦，再用清水漂四次，用菜油二两炮透，加酒喷。将鸡斩块放锅内，滚去沫，下甜酒、清酱，煨八分功程，下蘑菇，再煨二分功程，加笋、葱、椒起锅，不用水，加冰糖三钱。

【注释】

①口蘑菇：一种蘑菇，因张家口地区所产的最为著名，故此得名。

梨炒鸡

取雏鸡胸肉切片，先用猪油三两熬熟，炒三四次，加麻油一瓢，纤粉、盐花、姜汁、花椒末各一茶匙，再加雪梨薄片、香蕈小块，炒三四次起锅，盛五寸盘。

假野鸡卷

将脯子斩碎，用鸡子一个，调清酱郁之，将网油画碎，分包小包，油里炮透，再加清酱、酒作料，香蕈、木耳起锅，加糖一撮。

黄芽菜炒鸡

将鸡切块，起油锅生炒透，酒滚二三十次，加秋油后滚二三十次，下水滚，将菜切块，俟鸡有七分熟，将菜下锅；再滚三分，加糖、葱、大料。其菜要另滚熟搀用。每一只用油四两。

栗子炒鸡

鸡斩块，用菜油二两炮，加酒一饭碗，秋油一小杯，水一饭碗，煨七分熟；先将栗子煮熟，同笋下之，再煨三分起锅，下糖一撮。

灼八块

嫩鸡一只，斩八块，滚油炮透，去油，加清酱一杯、酒半斤，煨熟便起，不用水，用武火。

珍珠团

熟鸡脯子，切黄豆大块，清酱、酒拌匀，用干面滚满，入锅炒。炒用素油。

黄芪蒸鸡治瘵[1]

取童鸡未曾生蛋者杀之，不见水，取出肚脏，塞黄芪一两，架箸放锅内蒸之，四面封口，熟时取出。卤浓而鲜，可疗弱症。

【注释】

①瘵（zhài）：指病，后多指痨病。

卤鸡

囫囵[1]鸡一只，肚内塞葱三十条、茴香二钱，用酒一斤、秋油一小杯半，先滚一枝香，加水一斤、脂油二两，一齐同煨；待鸡熟，取出脂油。水要用熟水，收浓卤一饭碗，才取起；或拆碎，或薄刀片之，仍以原卤拌食。

【注释】

①囫囵（hú lún）：整个儿，完整的。

蒋鸡

童子鸡一只，用盐四钱、酱油一匙、老酒半茶杯、姜三大片，放砂锅内，隔水蒸烂，去骨，不用水。蒋御史家法也。

唐鸡

鸡一只，或二斤，或三斤，如用二斤者，用酒一饭碗、水三饭碗；用三斤者，酌添。先将鸡切块，用菜油二两，候滚熟，爆鸡要透；先用酒滚一二十滚，再下水约二三百滚；用秋油一酒杯；起锅时加白糖一钱。唐静涵家法也。

鸡肝

用酒、醋喷炒，以嫩为贵。

鸡血

取鸡血为条，加鸡汤、酱、醋、纤粉作羹，宜于老人。

鸡丝

拆鸡为丝，秋油、芥末、醋拌之。此杭州菜也。加笋加芹俱可。用笋丝、秋油、酒炒之亦可。拌者用熟鸡，炒者用生鸡。

糟鸡

糟鸡法，与糟肉同。

鸡肾

取鸡肾三十个，煮微熟，去皮，用鸡汤加作料煨之。鲜嫩绝伦。

鸡蛋

鸡蛋去壳放碗中，将竹箸打一千回蒸之，绝嫩。凡蛋一煮而老，一千煮而反嫩。加茶叶煮者，以两炷香为度。蛋一百，用盐一两；五十，用盐五钱。加酱煨亦可。其他则或煎或炒俱可。斩碎黄雀蒸之，亦佳。

野鸡五法

野鸡披[①]胸肉，清酱郁过，以网油包放铁奁[②]上烧之。作方片可，作卷子亦可。此一法也。切片加作料炒，一法也。取胸肉作丁，一法也。当家鸡整煨，一法也。先用油灼拆丝，加酒、秋油、醋，同芹菜冷拌，一法也。生片其肉，入火锅中，登时便吃，亦一法也。其弊在肉嫩则味不入，味入则肉又老。

【注释】

①披：通“劈”，劈开，此处指片下。②奁（lián）：大号的盛食器具。

赤炖肉鸡

赤炖肉鸡，洗切净，每一斤用好酒十二两、盐二钱五分、冰糖四钱，研酌加桂皮，同入砂锅中，文炭火煨之。倘酒将干，鸡肉尚未烂，每斤酌加清开水一茶杯。

蘑菇煨鸡

鸡肉一斤，甜酒一斤，盐三钱，冰糖四钱，蘑菇用新鲜不霉者，文火煨两枝线香[①]为度。不可用水，先煨鸡八分熟，再下蘑菇。

【注释】

①线香：中间无竹芯的香，也称直条香、草香。因燃烧时间比较长，又称“仙香”“长寿香”，也称“香寸”，古代用于计量时间。

鸽子

鸽子加好火腿同煨，甚佳。不用火肉，亦可。

鸽蛋

煨鸽蛋法，与煨鸡肾同。或煎食亦可，加微醋亦可。

野鸭

野鸭切厚片，秋油郁过，用两片雪梨，夹住炮炒之。苏州包道台家，制法最精，今失传矣。用蒸家鸭法蒸之，亦可。

蒸鸭

生肥鸭去骨，内用糯米一酒杯，火腿丁、大头菜丁、香蕈、笋丁、秋油、酒、小磨麻油、葱花，俱灌鸭肚内，外用鸡汤放盘中，隔水蒸透，此真定[①]魏太守家法也。

【注释】

①真定：今河北正定。

鸭糊涂

用肥鸭，白煮八分熟，冷定去骨，拆成天然不方不圆之块，下原汤内煨，加盐三钱、酒半斤，捶碎山药，同下锅作纤，临煨烂时，再加姜末、香蕈、葱花。如要浓汤，加放粉纤。以芋代山药亦妙。

卤鸭

不用水，用酒，煮鸭去骨，加作料食之。高要令杨公家法也。

鸭脯

用肥鸭，斩大方块，用酒半斤、秋油一杯、笋、香蕈、葱花闷之，收卤起锅。

烧鸭

用雏鸭，上叉烧之。冯观察家厨最精。

挂卤鸭

塞葱鸭腹，盖闷而烧。水西门许店最精。家中不能作。有黄、黑二色，黄者更妙。

干蒸鸭

杭州商人何星举家干蒸鸭。将肥鸭一只，洗净斩八块，加甜酒、秋油，淹满鸭面，放磁罐中封好，置干锅中蒸之；用文炭火，不用水，临上时，其精肉皆烂如泥。以线香二枝为度。

野鸭团

细斩野鸭胸前肉，加猪油微纤，调揉成团，入鸡汤滚之。或用本鸭汤亦佳。太兴[1]孔亲家制之，甚精。

【注释】

①太兴：今江苏泰兴。

徐鸭

顶大鲜鸭一只，用百花酒十二两、青盐一两二钱、滚水一汤碗，冲化去渣沫，再兑冷水七饭碗，鲜姜四厚片，约重一两，同入大瓦盖钵内，将皮纸[1]封固口，用大火笼烧透大炭吉[2]三元（约二文一个）；外用套包一个，将火笼罩定，不可令其走气。约早点时炖起，至晚方好。速则恐其不透，味便不佳矣。其炭吉烧透后，不宜更换瓦钵，亦不宜预先开看。鸭破开时，将清水洗后，用洁净无浆布拭干入钵。

【注释】

①皮纸：用桑树皮等韧皮纤维为原料制成的纸，纸质柔韧、薄而多孔，纤维细长，但交错均匀，多制伞之用。②炭吉：一种燃料。

煨麻雀

取麻雀五十只，以清酱、甜酒煨之，熟后去爪脚，单取雀胸、头肉，连汤放盘中，甘鲜异常。其他鸟鹊俱可类推。但鲜者一时难得。薛生白常劝人:“勿食人间豢养之物。”以野禽味鲜,且易消化。

煨鹩鹑[1]、黄雀

鹩鹑用六合[2]来者最佳。有现成制好者。黄雀用苏州糟,加蜜酒煨烂,下作料,与煨麻雀同。苏州沈观察煨黄雀,并骨如泥,不知作何制法。炒鱼片亦精。其厨馔之精,合吴门[3]推为第一。

【注释】

①鹩鹑(liáo chún):一种外形似鸡的鸟类,头小尾秃,羽毛赤褐色,杂有暗黄条纹,雄性好斗。 ②六合:今江苏六合。 ③吴门:今江苏苏州。

云林鹅

《倪云林集》[1]中,载制鹅法。整鹅一只,洗净后,用盐三钱擦其腹内,塞葱一帚[2]填实其中,外将蜜拌酒通身满涂之,锅中一大碗酒、一大碗水蒸之,用竹箸架之,不使鹅身近水。灶内用山茅二束,缓缓烧尽为度。俟锅盖冷后,揭开锅盖,将鹅翻身,仍将锅盖封好蒸之,再用茅柴一束,烧尽为度;柴俟其自尽,不可挑拨。锅盖用绵纸[3]糊封,逼燥裂缝,以水润之。起锅时,不但鹅烂如泥,汤亦鲜美。以此法制鸭,味美亦同。每茅柴一束,重一斤八两。擦盐时,串入葱、椒末子,以酒和匀。《云林集》中,载食品甚多;只此一法,试之颇效,余俱附会。

【注释】

①《倪云林集》:指元末明初画家、诗人倪瓒的饮食加工烹调著作《云林堂饮食制度集》。 ②一帚:一小把。 ③绵纸:用构树皮、野生植物皮等树皮纤维制成的纸,纸质柔软有韧性,纤维细长如绵,吸水、吸湿性强,多用作鞭炮捻子。

烧鹅

杭州烧鹅,为人所笑,以其生也。不如家厨自烧为妙。

水族有鳞单

鱼皆去鳞,惟鲥鱼不去。我道有鳞而鱼形始全。作《水族有鳞单》。

边鱼

边鱼活者,加酒、秋油蒸之。玉色为度。一作呆白色,则肉老而味变矣。并须盖好,不可受锅盖上之水气。临起加香蕈、笋尖。或用酒煎亦佳;用酒不用水,号“假鲥鱼”。

鲫鱼

鲫鱼先要善买。择其扁身而带白色者，其肉嫩而松；熟后一提，肉即卸骨而下。黑脊浑身者，崛强槎丫，鱼中之喇子[1]也，断不可食。照边鱼蒸法，最佳。其次煎吃亦妙。拆肉下可以作羹。通州[2]人能煨之，骨尾俱酥，号“酥鱼”，利小儿食。然总不如蒸食之得真味也。六合龙池出者，愈大愈嫩，亦奇。蒸时用酒不用水，稍稍用糖以起其鲜。以鱼之小大，酌量秋油、酒之多寡。

【注释】

①喇子（lǎ zǐ）：流氓、无赖、刁滑凶悍者。 ②通州：今江苏南通。

白鱼

白鱼肉最细。用糟鲥鱼同蒸之，最佳。或冬日微腌，加酒酿糟二日，亦佳。余在江中得网起活者，用酒蒸食，美不可言。糟之最佳；不可太久，久则肉木矣。

季鱼[1]

季鱼少骨，炒片最佳。炒者以片薄为贵。用秋油细郁后，用纤粉、蛋清搂之，入油锅炒，加作料炒之。油用素油。

【注释】

①季鱼：鳜（guì）鱼的俗称。

土步鱼[1]

杭州以土步鱼为上品。而金陵人贱之，目为虎头蛇，可发一笑。肉最松嫩。煎之、煮之、蒸之俱可。加腌芥作汤、作羹，尤鲜。

【注释】

①土步鱼：也称沙鳢，江苏人称其为塘鳢鱼，冬日伏于水底，附土而行，一到春天便至水草丛中觅食，此时鱼肥质松，肉白如银，嫩如豆腐而鲜远胜其上。

鱼松

用青鱼、鲜鱼[1]蒸熟，将肉拆下，放油锅中灼之，黄色，加盐花、葱、椒、瓜、姜。冬日封瓶中，可以一月。

①鲜鱼：鲲鱼，草鱼。

鱼圆

用白鱼、青鱼活者，剖半钉板上，用刀刮下肉，留刺在板上；将肉斩化，用豆粉、猪油拌，将手搅之；放微微盐水，不用清酱，加葱、姜汁作团，成后，放滚水中煮熟撩起，冷水养之，临吃入鸡汤、紫菜滚。

鱼片

取青鱼、季鱼片，秋油郁之，加纤纷、蛋清，起油锅炮炒，用小盘盛起，加葱、椒、瓜、姜，极多不过六两，太多则火气不透。

连鱼豆腐

用大连鱼煎熟，加豆腐，喷酱、水、葱、酒滚之，俟汤色半红起锅，其头味尤美。此杭州菜也。用酱多少，须相鱼而行。

醋搂鱼

用活青鱼切大块，油灼之，加酱、醋、酒喷之，汤多为妙。俟熟即速起锅。此物杭州西湖上五柳居最有名。而今则酱臭而鱼败矣。甚矣！宋嫂鱼羹[①]，徒存虚名。《梦粱录》[②]不足信也。鱼不可大，大则味不入；不可小，小则刺多。

【注释】

①宋嫂鱼羹：南宋流传至今的一道杭州传统风味名菜，将鳜鱼或鲈鱼蒸熟取肉拨碎，添加配料烩制的羹菜，因其形、味均似烩蟹羹，所以又称赛蟹羹，特点是色泽黄亮，鲜嫩滑润，味似蟹羹。据宋代周密的《武林旧事》记载：宋高宗赵构登御舟闲游西湖时，曾品尝宋五嫂所卖的鱼羹，大加赞赏，并赐予金银绢匹，使得富家巨室争相购食，宋嫂鱼羹也因此成为驰名京城的名肴。 ②《梦粱录》：南宋吴自牧的一本介绍南宋都城临安城市风貌的著作。

银鱼

银鱼起水时，名冰鲜。加鸡汤、火腿汤煨之。或炒食甚嫩。干者泡软，用酱水炒亦妙。

台鲞

台鲞好丑不一。出台州松门者为佳，肉软而鲜肥。生时拆之，便可当作小菜，不必煮食也；用鲜肉同煨，须肉烂时放鲞；否则，鲞消化不见矣，冻之即为鲞冻。绍兴人法也。

糟鲞

冬日用大鲤鱼，腌而干之，入酒糟，置坛中，封口。夏日食之。不可烧酒作泡。用烧酒者，不无辣味。

虾子勒[1]鲞

夏日选白净带子勒鲞，放水中一日，泡去盐味，太阳晒干，入锅油煎，一面黄取起，以一面未黄者铺上虾子，放盘中，加白糖蒸之，以一炷香为度。三伏日食之绝妙。

【注释】

①勒：鳓（lè）鱼，一种在亚热带及暖温带近海中上层栖息的洄游性鱼类。

鱼脯

活青鱼去头尾，斩小方块，盐腌透，风干，入锅油煎；加作料收卤，再炒芝麻滚拌起锅。苏州法也。

家常煎鱼

家常煎鱼，须要耐性。将鲜鱼洗净，切块盐腌，压扁，入油中两面熯[1]黄，多加酒、秋油，文火慢慢滚之，然后收汤作卤，使作料之味全入鱼中。第[2]此法指鱼之不活者而言。如活者，又以速起锅为妙。

【注释】

①熯（hàn）：用火烧干，即用小火油煎。 ②第：但，不过。

黄姑鱼

岳州[1]出小鱼，长二三寸，晒干寄来。加酒剥皮，放饭锅上，蒸而食之，味最鲜，号“黄姑鱼”。

【注释】

①岳州：今湖南岳阳。

水族无鳞单

鱼无鳞者，其腥加倍，须加意烹饪；以姜、桂胜之。作《水族无鳞单》。

汤鳗

鳗鱼最忌出骨。因此物性本腥重，不可过于摆布，失其天真，犹鲥鱼之不可去鳞也。清煨者，以河鳗一条，洗去滑涎，斩寸为段，入磁罐中，用酒水煨烂，下秋油起锅，加冬腌新芥菜作汤，重用葱、姜之类，以杀其腥。常熟顾比部[1]家，用纤粉、山药干煨，亦妙。或加作料，直置盘中蒸之，不用水。家致华分司[②]蒸鳗最佳。秋油、酒四六兑，务使汤浮于本身。起笼时，尤要恰好，迟则皮皱味失。

【注释】

①比部：古代官署名。魏晋时始设，为尚书列曹之一，职掌稽核簿籍。唐代隶为刑部四司之一，设有郎中、员外郎各一人，主事四人；宋代为刑部三司之一；金元时被废除。 ②分司：古代官名。唐宋时，中央之官有分在陪都（洛阳）执行任务者，称为“分司”。清代时，盐运使下设分司，属运同、运副或运判管领。

红煨鳗

鳗鱼用酒、水煨烂，加甜酱代秋油，入锅收汤煨干，加茴香、大料起锅。有三病宜戒者：一皮有皱纹，皮便不酥；一肉散碗中，箸夹不起；一早下盐豉，入口不化。扬州朱分司家，制之最精。大抵红煨者以干为贵，使卤味收入鳗肉中。

炸鳗

择鳗鱼大者，去首尾，寸断之。先用麻油炸熟，取起；另将鲜蒿菜[①]嫩尖入锅中，仍用原油炒透，即以鳗鱼平铺菜上，加作料，煨一炷香。蒿菜分量，较鱼减半。

【注释】

①蒿菜：也称茼蒿、蓬蒿、菊花菜、塘蒿、蒿子杆、蒿子、茼花菜，外形似野菊花，高二三尺，茎叶嫩时可食，亦可入药。因蒿菜在中国古代多为官廷佳肴，因此又叫皇帝菜。

生炒甲鱼

将甲鱼去骨，用麻油炮炒之，加秋油一杯、鸡汁一杯。此真定魏太守家法也。

酱炒甲鱼

将甲鱼煮半熟，去骨，起油锅炮炒，加酱水、葱、椒，收汤成卤，然后起锅。此杭州法也。

带骨甲鱼

要一个半斤重者，斩四块，加脂油三两，起油锅煎两面黄，加水、秋油、酒煨；先武火，后文火，至八分熟加蒜，起锅用葱、姜、糖。甲鱼宜小不宜大。俗号“童子脚鱼”才嫩。

青盐甲鱼

斩四块，起油锅炮透。每甲鱼一斤，用酒四两、大茴香三钱、盐一钱半，煨至半好，下脂油二两，切小豆块再煨，加蒜头、笋尖，起时用葱、椒，或用秋油，则不用盐。此苏州唐静涵家法。甲鱼大则老，小则腥，须买其中样者。

汤煨甲鱼

将甲鱼白煮，去骨拆碎，用鸡汤、秋油、酒煨汤二碗，收至一碗，起锅，用葱、椒、姜末糁之。吴竹屿[①]家制之最佳。微用纤，才得汤腻。

【注释】

①吴竹屿（yǔ）：吴泰来，字企晋，号竹屿，乾隆二十五年进士，著有《砚山堂》《净名轩》等集。

全壳甲鱼

山东杨参将[①]家，制甲鱼去首尾，取肉及裙，加作料煨好，仍以原壳覆之。每宴客，一客之前以小盘献一甲鱼。见者悚然，犹虑其动。惜未传其法。

【注释】

①参将：古代武官名，相当于如今的中高级军官。明代首创，指镇守边区的统兵官，无定员，位次于总兵、副总兵，分守各路。清代时，河道官的江南河标、河营中也设置了参将，掌管调遣河工、守汛防险等事务；清代京师巡捕五营，也各设参将防守巡逻。

鳝丝羹

鳝鱼煮半熟，划丝去骨，加酒、秋油煨之，微用纤粉，用真金菜、冬瓜、长葱为羹。南京厨者辄制鳝为炭，殊不可解。

炒鳝

拆鳝丝炒之，略焦，如炒肉鸡之法，不可用水。

段鳝

切鳝以寸为段，照煨鳗法煨之，或先用油炙，使坚，再以冬瓜、鲜笋、香蕈作配，微用酱水，重用姜汁。

虾圆

虾圆照鱼圆法。鸡汤煨之，干炒亦可。大概捶虾时，不宜过细，恐失真味。鱼圆亦然。或竟剥虾肉，以紫菜拌之，亦佳。

虾饼

以虾捶烂，团而煎之，即为虾饼。

醉虾

带壳用酒炙黄捞起，加清酱、米醋煨之，用碗闷之。临食放盘中，其壳俱酥。

炒虾

炒虾照炒鱼法，可用韭配。或加冬腌芥菜，则不可用韭矣。有捶扁其尾单炒者，亦觉新异。

蟹

蟹宜独食，不宜搭配他物。最好以淡盐汤煮熟，自剥自食为妙。蒸者味虽全，而失之太淡。

蟹羹

剥蟹为羹，即用原汤煨之，不加鸡汁，独用为妙。见俗厨从中加鸭舌，或鱼翅，或海参者，徒夺其味，而惹其腥恶，劣极矣!

炒蟹粉

以现剥现炒之蟹为佳。过两个时辰，则肉干而味失。

剥壳蒸蟹

将蟹剥壳，取肉、取黄，仍置壳中，放五六只在生鸡蛋上蒸之。上桌时完然一蟹，惟去爪脚。比炒蟹粉觉有新色。杨兰坡明府，以南瓜肉拌蟹，颇奇。

蛤蜊

剥蛤蜊肉，加韭菜炒之佳。或为汤亦可。起迟便枯。

蚶

蚶有三吃法。用热水喷之，半熟去盖，加酒、秋油醉之；或用鸡汤滚熟，去盖入汤；或全去其盖，作羹亦可。但宜速起，迟则肉枯。蚶出奉化①县，品在车螯②、蛤蜊之上。

【注释】

①奉化：今浙江奉化。②车螯（áo）：一种海产软体动物，肉可食用。

车螯

先将五花肉切片，用作料闷烂。将车螯洗净，麻油炒，仍将肉片连卤烹之。秋油要重些，方得有味。加豆腐亦可。车螯从扬州来，虑坏则取壳中肉，置猪油中，可以远行。有晒为干者，亦佳。入鸡汤烹之，味在蛏干之上。捶烂车螯作饼，如虾饼样，煎吃加作料亦佳。

程泽弓蛏干

程泽弓商人家制蛏干，用冷水泡一日，滚水煮两日，撤汤五次。一寸之干，发开有二寸，如鲜蛏一般，才入鸡汤煨之。扬州人学之，俱不能及。

鲜蛏

烹蛏法与车螯同。单炒亦可。何春巢家蛏汤豆腐之妙，竟成绝品。

水鸡[1]

水鸡去身用腿，先用油灼之，加秋油、甜酒、瓜、姜起锅。或拆肉炒之，味与鸡相似。

【注释】

①水鸡：青蛙。

熏蛋

将鸡蛋加作料煨好，微微熏干，切片放盘中，可以佐膳。

茶叶蛋

鸡蛋百个，用盐一两，粗茶叶煮两枝线香为度。如蛋五十个，只用五钱盐，照数加减。可作点心。

杂素菜单

菜有荤素，犹衣有表里也。富贵之人，嗜素甚于嗜荤。作《素菜单》。

蒋侍郎豆腐

豆腐两面去皮，每块切成十六片，晾干，用猪油熬，清烟起才下豆腐，略洒盐花一撮，翻身后，用好甜酒一茶杯，大虾米一百二十个；如无大虾米，用小虾米三百个；先将虾米滚泡一个时辰，秋油一小杯，再滚一回，加糖一撮，再滚一回，用细葱半寸许长，一百二十段，缓缓起锅。

杨中丞豆腐

用嫩豆腐，煮去豆气，入鸡汤，同鳆鱼片滚数刻，加糟油、香蕈起锅。鸡汁须浓，鱼片要薄。

张恺豆腐

将虾米捣碎，入豆腐中，起油锅，加作料干炒。

庆元豆腐

将豆豉一茶杯，水泡烂，入豆腐同炒起锅。

芙蓉豆腐

用腐脑[①]，放井水泡三次，去豆气，入鸡汤中滚，起锅时加紫菜、虾肉。

【注释】

①腐脑：豆腐脑，将取过豆渣的豆浆倒入铁锅，大火烧开，加入熟石膏凝结成半固体豆制品，口感细嫩柔软。

王太守八宝豆腐

用嫩片切粉碎，加香蕈屑、蘑菇屑、松子仁屑、瓜子仁屑、鸡屑、火腿屑，同入浓鸡汁中，炒滚起锅。用腐脑亦可。用瓢不用箸。孟亭太守云："此圣祖[①]赐徐健庵尚书方也。尚书取方时，御膳房费一千两。"太守之祖楼村先生，为尚书门生，故得之。

【注释】

①圣祖：即清朝康熙皇帝。

程立万豆腐

乾隆廿三年，同金寿门[①]在扬州程立万家食煎豆腐，精绝无双。其腐两面黄干，无丝毫卤汁，微有车螯鲜味，然盘中并无车螯及他杂物也。次日告查宣门[②]，查曰："我能之！我当特请。"已而，同杭董莆同食于查家，则上箸大笑；乃纯是鸡、雀脑为之，并非真豆腐，肥腻难耐矣。其费十倍于程，而味远不及也。惜其时余以妹丧急归，不及向程求方。程逾年亡。至今悔之。仍存其名，以俟再访。

【注释】

①寿门：古代官名，掌管城门的开启、关闭。 ②查（zhā）宣门：查，多音字，作姓时读zhā。宣门，古代官名，掌管城门的开启、关闭。

冻豆腐

将豆腐冻一夜，切方块，滚去豆味，加鸡汤汁、火腿汁、肉汁煨之。上桌时，撤去鸡、火腿之类，单留香蕈、冬笋。豆腐煨久则松，面起蜂窝，如冻腐矣。故炒腐宜嫩，煨者宜老。家致华分司，用蘑菇煮豆腐，虽夏月亦照冻腐之法，甚佳。切不可加荤汤，致失清味。

虾油豆腐

取陈虾油，代清酱炒豆腐。须两面熯黄。油锅要热，用猪油、葱、椒。

蓬蒿菜

取蒿尖，用油灼瘪，放鸡汤中滚之，起时加松菌[1]百枚。

【注释】

①松菌：一种珍稀食用菌类，也称松茸、松口蘑、松蕈等，是松栎等树木外生的菌根真菌，香味独特且浓郁，口感如鲍鱼，极润滑爽口，被誉为“菌中之王”。

蕨菜[1]

用蕨菜，不可爱惜，须尽去其枝叶，单取直根，洗净煨烂，再用鸡肉汤煨。必买矮弱者才肥。

【注释】

①蕨（jué）菜：也称拳头菜、猫爪、龙头菜，其未展开的幼嫩叶芽可供食用，口感清香滑润，加佐料凉拌则清凉爽口，是上乘的佐酒菜，还可以做馅、制干菜、腌渍成罐头等。

葛仙米[1]

将米细检淘净，煮半烂，用鸡汤、火腿汤煨。临上时，要只见米，不见鸡肉、火腿搀和才佳。此物陶方伯家，制之最精。

【注释】

①葛仙米：一种水生藻类植物，呈胶质状、球状或其他不规则形状，颜色为蓝绿色或黄褐色，也称地耳、天仙米、天仙菜、珍珠菜、水木耳、田木耳。相传东晋时期，著名的道教学者、医学家葛洪在灾荒之年偶然采食葛仙米，发现其有健壮体魄的功效。后来葛洪入朝，将葛仙米献给皇上，体弱的太子食用后病除体壮，皇上赐名“葛仙米”以表葛洪之功。

羊肚菜[1]

羊肚菜出湖北。食法与葛仙米同。

【注释】

①羊肚菜：也称羊肚菌、羊蘑、羊肚蘑、草笠竹，是一种珍贵的食用菌和药用菌，表面呈蜂窝状，因酷似羊肚而得名羊肚菜。

石发①

制法与葛仙米同。夏日用麻油、醋、秋油拌之，亦佳。

【注释】

①石发：生长在水边石头上的青绿色苔藻。

珍珠菜①

制法与蕨菜同。上江新安所出。

【注释】

①珍珠菜：也称白花蒿、明日叶，多年生草本植物，叶片形状与野菊花相似，嫩叶可食，全草可供药用，种子含脂肪油达32%，可制皂。因其花小，白色如同串串珍珠，故而得名珍珠菜。

素烧鹅

煮烂山药，切寸为段，腐皮包，入油煎之，加秋油、酒、糖、瓜、姜，以色红为度。

韭

韭，荤物也。专取韭白，加虾米炒之便佳。或用鲜虾亦可，蚬①亦可，肉亦可。

【注释】

①蚬（xiǎn）：有坚固厚壳的软体动物，圆形或近三角形，肉可食用，可用作鱼类、禽类的饵料，也可用作农田肥料。

芹

芹，素物也，愈肥愈妙。取白根炒之，加笋，以熟为度。今人有以炒肉者，清浊不伦。不熟者，虽脆无味。或生拌野鸡，又当别论。

豆芽

豆芽柔脆，余颇爱之。炒须熟烂。作料之味，才能融洽。可配燕窝，以柔配柔，以白配白故也。然以极贱而陪极贵，人多嗤之。不知惟巢、由①正可陪尧、舜②耳。

【注释】

①巢、由：巢父、许由，都是品性高洁的隐士。巢父，因筑巢而居，故称。尧曾

以天下让之，巢父不受，隐居聊城（今山东聊城），以放牧了此一生。许由，尧帝时率领许姓部落在今天的行唐县许由村一带活动，尧也曾想传位于许由，但许由坚辞不受，并以颍水洗耳，从此隐居山林，卒葬箕山之巅。②尧、舜：尧帝、舜帝，都是中国上古时期的部落联盟首领，被后人尊为圣君的典范。

茭白[1]

茭白炒肉、炒鸡俱可。切整段，酱、醋炙之，尤佳。煨肉亦佳。须切片，以寸为度，初出太细者无味。

【注释】

①茭白：我国特有的一种水生蔬菜，也称高瓜、菰笋、菰手、茭笋、高笋，古人称为“菰（gū）”，纺锤形的肉质茎可食。茭白在唐代以前被当作粮食作物栽培，种子叫菰米或雕胡，为“六谷”[稌（tú）、黍、稷、粱、麦、菰]之一。

青菜

青菜择嫩者，笋炒之。夏日芥末拌，加微醋，可以醒胃。加火腿片，可以作汤。亦须现拔者才软。

台菜

炒台菜心最懦[1]，剥去外皮，入蘑菇、新笋作汤。炒食加虾肉，亦佳。

【注释】

①懦（nuò）：柔软，此处指柔嫩。

白菜

白菜炒食，或笋煨亦可。火腿片煨、鸡汤煨俱可。

黄芽菜

此菜以北方来者为佳。或用醋搂，或加虾米煨之，一熟便吃，迟则色、味俱变。

瓢儿菜[1]

炒瓢菜心，以干鲜无汤为贵。雪压后更软。王孟亭太守家，制之最精。不加别物，宜用荤油。

【注释】

①瓢儿菜：由芸薹（yún tái，油菜）进化而来的一种蔬菜，主要生长在我国长江流域，以经霜雪后味甜鲜美而驰名江南地区。

菠菜

菠菜肥嫩，加酱水、豆腐煮之。杭人名“金镶白玉板”是也。如此种菜虽瘦而肥，可不必再加笋尖、香蕈。

蘑菇

蘑菇不止作汤。炒食亦佳。但口蘑最易藏沙，更易受霉，须藏之得法，制之得宜。鸡腿蘑便易收拾，亦复讨好。

松菌

松菌加口蘑炒最佳。或单用秋油泡食，亦妙。惟不便久留耳，置各菜中，俱能助鲜，可入燕窝作底垫，以其嫩也。

面筋[①]二法

一法面筋入油锅炙枯，再用鸡汤、蘑菇清煨。一法不炙，用水泡，切条入浓鸡汁炒之，加冬笋、天花[②]。章淮树观察家，制之最精。上盘时宜毛撕[③]，不宜光切[④]。加虾米泡汁，甜酱炒之，甚佳。

【注释】

①面筋：小麦中的一种由麦醇溶蛋白和麦谷蛋白组成的植物性蛋白质，将面粉揉成有韧劲的面团后用清水反复搓洗，洗掉面团中的淀粉和其他杂质，剩下的即是面筋。 ②天花：天花菜，山西五台山地区出产的食用蘑菇，也称台蘑。③毛撕：粗略地撕开。 ④光切：用刀切。

茄二法

吴小谷广文家，将整茄子削皮，滚水泡去苦汁，猪油炙之。炙时须待泡水干后，用甜酱水干煨，甚佳。卢八太爷家，切茄作小块，不去皮，入油灼微黄，加秋油炮炒，亦佳。是二法者，俱学之而未尽其妙，惟蒸烂划开，用麻油、米醋拌，则夏间亦颇可食。或煨干作脯，置盘中。

苋[①]羹

苋须细摘嫩尖，干炒，加虾米或虾仁，更佳。不可见汤。

【注释】

①苋（xiàn）：苋菜，也称雁来红、老来少、云香菜、寒菜、蟹菜、荇菜，一年生草本植物，嫩茎、叶可食，口感软滑甘香，也可入药。

芋羹

芋性柔腻，入荤入素俱可。或切碎作鸭羹，或煨肉，或同豆腐加酱水煨。徐兆瑝明府家，选小芋子，入嫩鸡煨汤，妙极！惜其制法未传。大抵只用作料，不用水。

豆腐皮

将腐皮泡软，加秋油、醋、虾米拌之，宜于夏日。蒋侍郎家入海参用，颇妙。加紫菜、虾肉作汤，亦相宜。或用蘑菇、笋煨清汤，亦佳。以烂为度。芜湖敬修和尚，将腐皮卷筒切段，油中微炙，入蘑菇煨烂，极佳。不可加鸡汤。

扁豆

取现采扁豆，用肉、汤炒之，去肉存豆。单炒者油重为佳。以肥软为贵。毛糙而瘦薄者，瘠土所生，不可食。

瓠子[①]、王瓜[②]

将鲜鱼切片先炒，加瓠子，同酱汁煨。王瓜亦然。

【注释】

①瓠（hù）子：也称甘瓠、瓠瓜、净街槌、龙密瓜、天瓜，葫芦的变种，果实嫩时柔软多汁，可作蔬菜食用。 ②王瓜：葫芦科草质藤本植物，果实为卵圆形，可作蔬菜食用，也可入药。

煨木耳、香蕈

扬州定慧庵僧，能将木耳煨二分厚，香蕈煨三分厚。先取蘑菇熬汁为卤。

冬瓜

冬瓜之用最多。拌燕窝、鱼肉、鳗、鳝、火腿皆可。扬州定慧庵所制尤佳。红如血珀[①]，不用荤汤。

【注释】

①血珀：颜色呈红色或深红色的一种琥珀，多产自缅甸。

煨鲜菱

煨鲜菱，以鸡汤滚之。上时将汤撤去一半。池中现起者才鲜，浮水面者才嫩。加新栗、白果煨烂，尤佳。或用糖亦可。作点心亦可。

豇豆

豇豆炒肉，临上时，去肉存豆。以极嫩者，抽去其筋。

煨三笋

将天目笋[1]、冬笋、问政笋[2]，煨火鸡汤，号“三笋羹”。

【注释】

①天目笋：产自浙江杭州天目山的竹笋，壳薄肉厚，肉质青翠肥嫩，鲜中带甜，清香味美。②问政笋：产自安徽歙县问政山的竹笋，肉质最为鲜嫩。

芋煨白菜

芋煨极烂，入白菜心，烹之，加酱水调和，家常菜之最佳者，惟白菜须新摘肥嫩者，色青则老，摘久则枯。

香珠豆

毛豆至八九月间晚收者，最阔大而嫩，号“香珠豆”。煮熟以秋油、酒泡之。出壳可，带壳亦可，香软可爱。寻常之豆，不可食也。

马兰[1]

马兰头菜，摘取嫩者，醋合笋拌食。油腻后食之，可以醒脾。

【注释】

①马兰：也称鱼鳅串、泥鳅串，菊科多年生宿根性草本植物，幼嫩的茎叶可食用，炒食、凉拌或做汤皆可，香味浓郁，营养丰富。

杨花菜

南京三月有杨花菜，柔脆与波菜相似，名甚雅。

问政笋丝

问政笋，即杭州笋也。徽州人送者，多是淡笋干，只好泡烂切丝，用鸡肉汤煨用。龚司马取秋油煮笋，烘干上桌，徽人食之，惊为异味。余笑其如梦之方醒也。

炒鸡腿蘑菇

芜湖大庵和尚，洗净鸡腿，蘑菇去沙，加秋油、酒炒熟，盛盘宴客，甚佳。

猪油煮萝卜

用熟猪油炒萝卜，加虾米煨之，以极熟为度。临起加葱花，色如琥珀。

小菜单

小菜佐食，如府史胥徒佐六官[①]也。醒脾解浊，全在于斯。作《小菜单》。

【注释】

①府史胥徒佐六官：府，掌管财帑百物的官员。史，掌管法典和记事的官员。胥徒，官府中供役使的人。佐，辅佐。六官，六卿之官，多泛指地位级别较高的官员。

笋脯

笋脯出处最多，以家园所烘为第一。取鲜笋加盐煮熟，上篮烘之。须昼夜环看，稍火不旺则溲矣。用清酱者，色微黑。春笋、冬笋皆可为之。

天目笋

天目笋多在苏州发卖。其篓中盖面者最佳，下二寸便搀入老根硬节矣。须出重价，专买其盖面者数十条，如集狐成腋[①]之义。

【注释】

①集狐成腋：化用成语“集腋成裘”，出自《慎子·知忠》“粹白之裘，盖非一狐之皮也”，本指狐狸腋下的皮毛虽小，但聚集起来就能制成裘衣，后比喻积少成多。

玉兰片[①]

以冬笋烘片，微加蜜焉。苏州孙春杨家有盐、甜二种，以盐者为佳。

【注释】

①玉兰片：用鲜嫩的冬笋或春笋加工制成的笋干，因形状和色泽都类似玉兰花瓣，因此得名玉兰片，口感清雅，脆而易化。

素火腿

处州[①]笋脯，号“素火腿”，即处片也。久之太硬，不如买毛笋自烘之为妙。

【注释】

①处州：今浙江丽水。

宣城[1]笋脯

宣城笋尖，色黑而肥，与天目笋大同小异，极佳。

【注释】

①宣城：今安徽宣州。

人参笋

制细笋如人参形，微加蜜水。扬州人重之，故价颇贵。

笋油

笋十斤，蒸一日一夜，穿通其节，铺板上，如作豆腐法，上加一板压而榨之，使汁水流出，加炒盐一两，便是笋油。其笋晒干仍可作脯。天台僧制以送人。

糟油

糟油出太仓州，愈陈愈佳。

虾油

买虾子数斤，同秋油入锅熬之，起锅用布沥出秋油，乃将布包虾子，同放罐中盛油。

喇虎酱

秦椒捣烂，和甜酱蒸之，可用虾米搀入。

熏鱼子

熏鱼子色如琥珀，以油重为贵。出苏州孙春杨家，愈新愈妙，陈则味变而油枯。

腌冬菜、黄芽菜

腌冬菜、黄芽菜，淡则味鲜，咸则味恶。然欲久放，则非盐不可。常腌一大坛，三伏时开之，上半截虽臭、烂，而下半截香美异常，色白如玉，甚矣！相士之不可但观皮毛也。

莴苣

食莴苣有二法：新酱者，松脆可爱。或腌之为脯，切片食甚鲜。然必以淡为贵，咸则味恶矣。

香干菜

春芥心风干，取梗淡腌，晒干，加酒、加糖、加秋油，拌后再加蒸之，风干入瓶。

冬芥

冬芥名雪里红。一法整腌，以淡为佳；一法取心风干，斩碎，腌入瓶中，熟后杂鱼羹中，极鲜。或用醋煨，入锅中作辣菜亦可，煮鳗、煮鲫鱼最佳。

春芥

取芥心风干、斩碎，腌熟入瓶，号称“挪菜”。

芥头

芥根切片，入菜同腌，食之甚脆。或整腌，晒干作脯，食之尤妙。

芝麻菜

腌芥晒干，斩之碎极，蒸而食之，号“芝麻菜”。老人所宜。

腐干丝

将好腐干切丝极细，以虾子、秋油拌之。

风瘪菜

将冬菜取心风干，腌后榨出卤，小瓶装之，泥封其口，倒放灰上。夏食之，其色黄，其臭香。

糟菜

取腌过风瘪菜，以菜叶包之，每一小包，铺一面香糟，重叠放坛内。取食时，开包食之，糟不沾菜，而菜得糟味。

酸菜

冬菜心风干微腌，加糖、醋、芥末，带卤入罐中，微加秋油亦可。席间醉饱之余，食之醒脾解酒。

台菜心

取春日台菜心腌之，榨出其卤，装小瓶之中，夏日食之。风干其花，即名菜花头，可以烹肉。

大头菜

大头菜出南京承恩寺，愈陈愈佳。入荤菜中，最能发鲜。

萝卜

萝卜取肥大者，酱一二日即吃，甜脆可爱。有侯尼能制为鲞，煎片如蝴蝶，长至丈许，连翩不断，亦一奇也。承恩寺有卖者，用醋为之，以陈为妙。

乳腐[①]

乳腐，以苏州温将军庙前者为佳，黑色而味鲜。有干湿二种，有虾子腐亦鲜，微嫌腥耳。广西白乳腐最佳。王库官家制亦妙。

【注释】

①乳腐：腐乳，让豆腐上长出毛霉，再加盐腌制，加卤汤装瓶，密封腌制而成的豆制品，特点是“闻着臭、吃着香”。

酱炒三果

核桃、杏仁去皮，榛子不必去皮。先用油炮脆，再下酱，不可太焦。酱之多少，亦须相物而行。

酱石花[①]

将石花洗净入酱中，临吃时再洗。一名麒麟菜。

【注释】

①石花：石花菜，一种红藻，通体透明，犹如胶冻，凉拌时口感爽利脆嫩，还能制成凉粉。

石花糕

将石花熬烂作膏，仍用刀划开，色如蜜蜡。

小松菌

将清酱同松菌入锅滚熟，收起，加麻油入罐中。可食二日，久则味变。

吐蛈[①]

吐蛈出兴化、泰兴。有生成极嫩者，用酒酿浸之，加糖则自吐其油，名为泥螺，以无泥为佳。

【注释】

①吐蛈（tiě）：泥螺，一种软体动物，外壳呈卵圆形，壳薄脆且不能完全包裹身体。

海蛰

用嫩海蛰，甜酒浸之，颇有风味。其光者名为白皮，作丝，酒、醋同拌。

虾子鱼

虾子鱼出苏州。小鱼生而有子。生时烹食之，较美于鲞。

酱姜

生姜取嫩者微腌，先用粗酱套[①]之，再用细酱套之，凡三套而始成。古法用蝉退[②]一个入酱，则姜久而不老。

【注释】

①套：将酱等物质糊在生姜上进行腌制。 ②蝉退：通“蝉蜕”，指蝉的幼虫变为成虫时蜕下的壳。

酱瓜

将瓜腌后，风干入酱，如酱姜之法。不难其甜，而难其脆。杭州施鲁箴[①]家，制之最佳。据云：酱后晒干又酱，故皮薄而皱，上口脆。

【注释】

①箴：音zhēn。

新蚕豆

新蚕豆之嫩者，以腌芥菜炒之，甚妙。随采随食方佳。

腌蛋

腌蛋以高邮[①]为佳，颜色红而油多。高文端公[②]最喜食之。席间先夹取以敬客。放盘中，总宜切开带壳，黄、白兼用；不可存黄去白，使味不全，油亦走散。

【注释】

①高邮：今江苏高邮。 ②高文端公：清乾隆时期的治河名臣高晋（1707—1778），字昭德，自知县累官至文华殿大学士兼吏部尚书和漕运总督。

混套

将鸡蛋外壳微敲一小洞，将清、黄倒出，去黄用清，加浓鸡卤煨就者拌入，用箸打良久，使之融化，仍装入蛋壳中，上用纸封好，饭锅蒸熟，剥去外壳，仍浑然一鸡卵，此味极鲜。

茭瓜[①]脯

茭瓜入酱，取起风干，切片成脯，与笋脯相似。

【注释】

①茭瓜：茭白。

牛首腐干

豆腐干以牛首[1]僧制者为佳。但山下卖此物者有七家，惟晓堂和尚家所制方妙。

【注释】

①牛首：牛首山，位于今江苏南京市江宁区，是佛教牛头禅宗的开教处和发祥地。

酱王瓜

王瓜初生时，择细者腌之入酱，脆而鲜。

点心单

梁昭明[1]以点心为小食，郑傪[2]嫂劝叔"且点心"，由来旧矣。作《点心单》。

【注释】

①梁昭明：南北朝梁武帝萧衍的长子萧统（501—531），虽被立为太子，但未及即位就去世，谥号昭明，后世称为"昭明太子"。 ②傪：音cān。

鳗面

大鳗一条蒸烂，拆肉去骨，和入面中，入鸡汤清揉之，擀成面皮，小刀划成细条，入鸡汁、火腿汁、蘑菇汁滚。

温面

将细面下汤沥干，放碗中，用鸡肉、香蕈浓卤，临吃，各自取瓢加上。

鳝面

熬鳝成卤，加面再滚。此杭州法。

裙带面

以小刀截面成条，微宽，则号"裙带面"。大概作面，总以汤多为佳，在碗中望不见面为妙。宁使食毕再加，以便引人入胜。此法扬州盛行，恰甚有道理。

素面

先一日将蘑菇蓬熬汁，定清；次日将笋熬汁，加面滚上。此法扬州定慧庵僧人制之极精，不肯传人。然其大概亦可仿求。其纯黑色的，或云暗用虾汁、蘑菇原汁，只宜澄去泥沙，不重换水；一换水，则原味薄矣。

蓑衣饼

干面用冷水调，不可多，揉擀薄后，卷拢再擀薄了，用猪油、白糖铺匀，再卷拢擀成薄饼，用猪油熯黄。如要盐的，用葱椒盐亦可。

虾饼

生虾肉，葱盐、花椒、甜酒脚少许，加水和面，香油灼透。

薄饼

山东孔藩台[①]家制薄饼，薄若蝉翼，大若茶盘，柔腻绝伦。家人如其法为之，卒不能及，不知何故。秦人[②]制小锡罐，装饼三十张。每客一罐。饼小如柑。罐有盖，可以贮。馅用炒肉丝，其细如发。葱亦如之。猪、羊并用，号曰“西饼”。

【注释】

①藩台：古代官名，也称承宣布政使，明朝始创，负责承宣政令、管理属官、掌控财赋。 ②秦人：对陕西、甘肃、宁夏三地之人的简称，因陕西大部地区、甘肃东部（平凉、庆阳、天水、陇南、定西一带）、宁夏大部地区为秦国故地，故称。

松饼

南京莲花桥，教门方店最精。

面老鼠

以热水和面，俟鸡汁滚时，以箸夹入，不分大小，加活菜心，别有风味。

颠不棱（即肉饺也）

糊面摊开，裹肉为馅蒸之。其讨好处，全在作馅得法，不过肉嫩、去筋、作料而已。余到广东，吃官镇台颠不棱，甚佳。中用肉皮煨膏为馅，故觉软美。

肉馄饨

作馄饨，与饺同。

韭合

韭菜切末拌肉，加作料，面皮包之，入油灼之。面内加酥更妙。

糖饼（又名面衣）

糖水溲[①]面，起油锅令热，用箸夹入；其作成饼形者，号“软锅饼”。杭州法也。

【注释】

①溲（sōu）：浸，泡。

烧饼

用松子、胡桃仁敲碎，加糖屑、脂油，和面炙之，以两面熯黄为度，而加芝麻。扣儿[①]会做，面罗[②]至四五次，则白如雪矣。须用两面锅，上下放火，得奶酥更佳。

【注释】

①扣儿：人名。 ②罗：本指密孔筛子，此处用作动词，意为用密孔筛子筛。

千层馒头

杨参戎[①]家制馒头，其白如雪，揭之如有千层。金陵人不能也。其法扬州得半，常州、无锡亦得其半。

【注释】

①参戎（cān róng）：明清时的武官参将，职责是参谋军务。

面茶

熬粗茶汁，炒面兑入，加芝麻酱亦可，加牛乳亦可，微加一撮盐。无乳则加奶酥、奶皮[①]亦可。

【注释】

①奶皮：一种奶制品。制法主要有两种，一种是将新鲜的牛奶、羊奶或马奶入锅煮开，改为小火烘煮，用木勺不断搅动牛奶，使牛奶中的水分慢慢蒸发，奶汁浓缩，直至在锅底凝结成一个圆形的黄色奶饼，再放阴凉处阴干即可；另一种是将牛奶、羊奶或马奶放入器皿中存放一两天，奶面发酵后会在表面形成一层薄皮，是做酥油的原料。此处指的是后一种制法的奶皮。

杏酪[①]

捶杏仁作浆，挍[②]去渣，拌米粉，加糖熬之。

【注释】

①酪：用牛、马、羊、骆驼等动物的乳汁炼制而成的半凝固食品。 ②挍：过滤。

粉衣

如作面衣之法。加糖、加盐俱可，取其便也。

竹叶粽

取竹叶裹白糯米煮之。尖小，如初生菱角。

萝卜汤圆

萝卜刨丝滚熟，去臭气，微干，加葱、酱拌之，放粉团中作馅，再用麻油灼之。汤滚亦可。春圃方伯家制萝卜饼，扣儿学会，可照此法作韭菜饼、野鸡饼试之。

水粉①汤圆

用水粉和作汤圆，滑腻异常，中用松仁、核桃、猪油、糖作馅，或嫩肉去筋丝捶烂，加葱末、秋油作馅亦可。作水粉法，以糯米浸水中一日夜，带水磨之，用布盛接，布下加灰，以去其渣，取细粉晒干用。

【注释】

①水粉：水磨糯米粉。

脂油糕

用纯糯粉拌脂油，放盘中蒸熟，加冰糖捶碎，入粉中，蒸好用刀切开。

雪花糕

蒸糯饭捣烂，用芝麻屑加糖为馅，打成一饼，再切方块。

软香糕

软香糕，以苏州都林桥为第一。其次虎丘糕，西施家为第二。南京南门外报恩寺则第三矣。

百果糕

杭州北关外卖者最佳。以粉糯、多松仁、胡桃，而不放橙丁者为妙。其甜处非蜜非糖，可暂可久。家中不能得其法。

栗糕

煮栗极烂，以纯糯粉加糖为糕蒸之，上加瓜仁、松子。此重阳小食也。

青糕、青团

捣青草为汁，和粉作粉团，色如碧玉。

合欢饼

蒸糕为饭，以木印印之，如小珙璧[1]状，入铁架熯之，微用油，方不粘架。

【注释】

①珙璧（gǒng bì）：通“拱璧”，古代天子祭祀上天时使用的一种大型玉璧，径长尺二，因其须双手拱执而得名。

鸡豆[1]糕

研碎鸡豆，用微粉为糕，放盘中蒸之。临食用小刀片开。

【注释】

①鸡豆：芡实，睡莲科植物芡的种仁，也称鸡头米、卵菱、雁喙实、刺莲蓬实等。

鸡豆粥

磨碎鸡豆为粥，鲜者最佳，陈者亦可。加山药、茯苓尤妙。

金团

杭州金团，凿木为桃、杏、元宝之状，和粉搦[1]成，入木印中便成。其馅不拘荤素。

【注释】

①搦（nuò）：用手来回按压揉捏。

藕粉、百合粉

藕粉非自磨者，信之不真。百合粉亦然。

麻团

蒸糯米捣烂为团，用芝麻屑拌糖作馅。

芋粉团

磨芋粉晒干，和米粉用之。朝天宫道士制芋粉团，野鸡馅，极佳。

熟藕

藕须贯米加糖自煮，并汤极佳。外卖者多用灰水，味变，不可食也。余性爱食嫩藕，虽软熟而以齿决，故味在也。如老藕一煮成泥，便无味矣。

新栗、新菱

新出之栗，烂煮之，有松子仁香。厨人不肯煨烂，故金陵人有终身不知其味者。新菱亦然。金陵人待其老方食故也。

莲子

建莲[①]虽贵，不如湖莲[②]之易煮也。大概小熟，抽心去皮，后下汤，用文火煨之，闷住合盖，不可开视，不可停火。如此两炷香，则莲子熟时，不生骨[③]矣。

【注释】

①建莲：福建建宁出产的莲子，粒大饱满，圆润洁白，色如凝脂，被誉为莲中极品。 ②湖莲：湖南湘潭出产的莲子，也称湘莲，粒大饱满，去壳后三粒连起来有一寸长，洁白圆润，质地细腻，清香鲜甜，自古就有“贡莲”“中国第一莲子”的美誉。 ③生骨：生硬，发硬。

芋

十月天晴时，取芋子、芋头，晒之极干，放草中，勿使冻伤。春间煮食，有自然之甘。俗人不知。

萧美人点心

仪真南门外，萧美人善制点心，凡馒头、糕、饺之类，小巧可爱，洁白如雪。

刘方伯月饼

用山东飞面[①]，作酥为皮，中用松仁、核桃仁、瓜子仁为细末，微加冰糖和猪油作馅，食之不觉甚甜，而香松柔腻，迥异寻常。

【注释】

①飞面：精面粉。

陶方伯十景点心

每至年节，陶方伯夫人手制点心十种，皆山东飞面所为。奇形诡状，五色纷披。食之皆甘，令人应接不暇。萨制军[①]云：“吃孔方伯薄[②]饼，而天下之薄饼可废；吃陶方伯十景点心，而天下之点心可废。”自陶方伯亡，而此点心亦成《广陵散》[③]矣。呜呼！

【注释】

①制军：明、清时对总督的称呼，也称制台。 ②薄：音báo。 ③《广陵

散》：中国十大古曲之一，也称《聂政刺韩王曲》。据《晋书》记载，嵇康游玩洛西时，得一古人相赠此曲，嵇康以善弹此曲著称，秘不授人。后嵇康遭谗被害，临刑索琴弹之，并慨然长叹："《广陵散》于今绝矣！"后世常用以比喻失传的绝学。

杨中丞西洋饼

用鸡蛋清和飞面作稠水，放碗中。打铜夹剪一把，头上作饼形，如蝶大，上下两面，铜合缝处不到一分。生烈火烘铜夹，撩稠水，一糊一夹一熯，顷刻成饼。白如雪，明如绵纸，微加冰糖、松仁屑子。

白云片

南殊锅巴，薄如绵纸，以油炙之，微加白糖，上口极脆。金陵人制之最精，号"白云片"。

风枵[1]

以白粉浸透，制小片入猪油灼之，起锅时加糖糁之，色白如霜，上口而化。杭人号曰"风枵"。

【注释】

①风枵（xiāo）：形容成品极其薄细，风可吹动。枵，空虚，稀薄。

三层玉带糕

以纯糯粉作糕，分作三层；一层粉，一层猪油、白糖，夹好蒸之，蒸熟切开。苏州人法也。

运司糕

卢雅雨作运司[1]，年已老矣。扬州店中作糕献之，大加称赏。从此遂有"运司糕"之名。色白如雪，点胭脂，红如桃花。微糖作馅，淡而弥旨[2]。以运司衙门前店作为佳。他店粉粗色劣。

【注释】

①运司：古代官名，管理漕运的官员。②旨：美也。

沙糕

糯粉蒸糕，中夹芝麻、糖屑。

小馒头、小馄饨

作馒头如胡桃大，就蒸笼食之。每箸可夹一双。扬州物也。扬州发酵最佳。手捺之不盈半寸，放松仍隆然而高。小馄饨小如龙眼，用鸡汤下之。

雪蒸糕法

每磨细粉，用糯米二分，粳米八分为则，一拌粉，将粉置盘中，用凉水细细洒之，以捏则如团、撒则如砂为度。将粗麻筛筛出，其剩下块搓碎，仍于筛上尽出之，前后和匀，使干湿不偏枯①，以巾覆之，勿令风干日燥，听用。（水中酌加上洋糖则更有味，拌粉与市中枕儿糕法同。）一锡圈及锡钱②，俱宜洗剔极净，临时略将香油和水，布蘸拭之。每一蒸后，必一洗一拭。一锡圈内，将锡钱置妥，先松装粉一小半，将果馅轻置当中，后将粉松装满圈，轻轻挡③平，套汤瓶上盖之，视盖口气直冲为度。取出覆之，先去圈，后去钱，饰以胭脂。两圈更递为用。一汤瓶宜洗净，置汤分寸以及肩为度。然多滚则汤易涸，宜留心看视，备热水频添。

【注释】

①偏枯：照顾不均，偏于一方面，失去平衡。 ②锡圈及锡钱：用于蒸糕的一种锡制模型。 ③挡（tǎng）：捶打。

作酥饼法

冷定脂油一碗，开水一碗，先将油同水搅匀，入生面，尽揉要软，如擀①饼一样，外用蒸熟面入脂油，合作一处，不要硬了。然后将生面做团子，如核桃大，将熟面亦作团子，略小一晕②，再将熟面团子包在生面团子中，擀成长饼，长可八寸，宽二三寸许，然后折叠如碗样，包上穰③子。

【注释】

①擀（gǎn）：用棍棒碾轧。 ②一晕：一圈。 ③穰（ráng）：本指果实之肉，此处指馅心。

天然饼

泾阳①张荷塘明府，家制天然饼，用上白飞面，加微糖及脂油为酥，随意搦成饼样，如碗大，不拘方圆，厚二分许。用洁净小鹅子石，衬而熯之，随其自为凹凸，色半黄便起，松美异常。或用盐亦可。

【注释】

①泾阳：今陕西泾阳。

花边月饼

明府家制花边月饼，不在山东刘方伯之下。余尝以轿迎其女厨来园制造，看用飞面拌生猪油子团百搦，才用枣肉嵌入为馅，裁如碗大，以手搦其四边菱花样。用火盆两个，上下覆而炙之。枣不去皮，取其鲜也；油不先熬，取其生也。含之上口而化，甘而不腻，松而不滞，其工夫全在搦中，愈多愈妙。

制馒头法

偶食新明府馒头，白细如雪，面有银光，以为是北面[①]之故。龙云不然。面不分南北，只要罗得极细。罗筛至五次，则自然白细，不必北面也。惟做酵最难。请其庖人[②]来教，学之卒[③]不能松散。

【注释】

①北面：北方出产的精细面粉。 ②庖人：厨师。 ③卒（zú）：完毕，终了，此处意为终究。

扬州洪府粽子

洪府制粽，取顶高[①]糯米，捡其完善长白者，去共半颗散碎者，淘之极熟，用大箬叶[②]裹之，中放好火腿一大块，封锅闷煨一日一夜，柴薪不断。食之滑腻温柔，肉与米化。或云：即用火腿肥者斩碎，散置米中。

【注释】

①顶高：最好。 ②箬叶：箬竹的叶子，因宽大可编制器物、竹笠，也可用来包粽子，有一股特别的清香味。

饭粥单

粥饭本也，余菜末也。本立而道生。作《饭粥单》。

饭

王莽[①]云："盐者，百肴之将。"余则曰："饭者，百味之本。"《诗》[②]称："释之溲溲，蒸之浮浮[③]。"是古人亦吃蒸饭。然终嫌米汁不在饭中。善煮饭者，虽煮如蒸，依旧颗粒分明，入口软糯。其诀有四：一要米好，或"香稻"，或"冬霜"，或"晚米"，或"观音籼"，或"桃花籼"，舂[④]之极熟，霉天风摊播之，不使惹霉发疹。一要善淘，淘米时不惜工夫，用手揉擦，使水从箩中淋出，竟成清水，无复米色。一要用火先武后文，闷起得宜。一要相米放水，不多不少，燥湿得宜。往往见富贵人家，讲菜不讲饭，逐末忘本，真为可笑。余不喜汤浇饭，恶失饭之本味故也。汤果佳，宁一口吃汤，一口吃饭，分前后食之，方两全其美。不得已，则用茶、用开水淘之，犹不夺饭之正味。饭之甘，在百味之上；知味者，遇好饭不必用菜。

【注释】

①王莽（前45—23）：字巨君，西汉末期外戚王氏家族的重要成员，因谦恭俭让、礼贤下士而颇有贤名，甚至被看作是“周公再世”，最后在公元8年12月代汉建新，宣布推行新政，史称“王莽改制”，却因此导致天下剧烈动荡，最后在绿林军攻入长安的动乱中为商人杜吴所杀。 ②《诗》：《诗经》，中国最早的一部诗歌总集，最初称为《诗》《诗三百》，西汉时才称为《诗经》，搜集了公元前11世纪至前6世纪的古代诗歌305首，按《风》（周代各地的歌谣）、《雅》（周人的正声雅乐，又分《小雅》和《大雅》）、《颂》（周王庭和贵族宗庙祭祀的乐歌）三类编辑，反映了西周初期到春秋中叶的社会面貌。 ③释之溲溲，蒸之浮浮：出自《诗经·大雅·生民》。释之，用水淘米。溲溲，淘米声。蒸之，把米蒸熟。浮浮，米受热膨胀的样子。 ④舂（chōng）：把东西放在石臼或乳钵里捣，使之破碎或去皮。

粥

见水不见米，非粥也；见米不见水，非粥也。必使水米融洽，柔腻如一，而后谓之粥。尹文端公曰：“宁人等粥，毋粥等人。”此真名言，防停顿而味变汤干故也。近有为鸭粥者，入以荤腥；为八宝粥者，入以果品，俱失粥之正味。不得已，则夏用绿豆，冬用黍米[①]，以五谷入五谷，尚属不妨。余常食于某观察家，诸菜尚可，而饭粥粗粝，勉强咽下，归而大病。尝戏语人曰：此是五脏神[②]暴[③]落难，是故自禁受不得。

【注释】

①黍（shǔ）米：小米，是中国古代主要粮食及酿造作物，列为五谷之一。 ②五脏神：中医将人体五脏（心、肝、脾、肺、肾）主宰各种情绪活动的功能称为“五脏神”，分别为心神、肝魂、脾意、肺魄、肾志。 ③暴：突然而强烈。

茶酒单

七碗生风，一杯忘世，非饮用六清[①]不可。作《茶酒单》。

【注释】

①六清：也称六饮，出自《周礼·天官·膳夫》，指水、浆、醴（lǐ）、醇

(liáng)、医、酏(yí)。浆,古代一种微酸的饮料。醴,甜酒。醇,糗饭杂水。医,没过滤的酒。酏,稀粥。

茶

欲治好茶,先藏好水。水求中泠、惠泉[①]。人家中何能置驿[②]而办?然天泉水、雪水,力能藏之。水新则味辣,陈则味甘。尝尽天下之茶,以武夷山顶所生,冲开白色者为第一。然入贡尚不能多,况民间乎?其次,莫如龙井。清明前者,号"莲心",太觉味淡,以多用为妙;雨前最好,一旗一枪[③],绿如碧玉。收法须用小纸包,每包四两,放石灰坛中,过十日则换石灰,上用纸盖扎住,否则气出而色味全变矣。烹时用武火,用穿心罐[④],一滚便泡,滚久则水味变矣。停滚再泡,则叶浮矣。一泡便饮,用盖掩之,则味又变矣。此中消息,间不容发[⑤]也。山西裴中丞尝谓人曰:"余昨日过随园,才吃一杯好茶。"呜呼!公山西人也,能为此言。而我见士大夫生长杭州,一入宦场便吃熬茶,其苦如药,其色如血。此不过肠肥脑满之人吃槟榔法也。俗矣!除吾乡龙井外,余以为可饮者,胪列[⑥]于后。

【注释】

①中泠、惠泉:都是泉名。中泠泉,在今江苏镇江市西北金山下的长江中,据传用以烹茶最佳,有"天下第一泉"的美誉,可惜如今江岸沙涨,泉已没沙中。惠泉,位于湖北荆门市象山风景区东麓,属温泉,常年水温约在40℃左右,因传说山神将此甘泉恩惠于荆门古城的老百姓而得名。 ②驿:古代供传递公文的人中途休息、换马的地方。 ③一旗一枪:旗,茶芽已经展开的雨前茶。枪,茶芽尚未展开的雨前茶。 ④穿心罐:一种陶制的中间凸起的煮茶器具。 ⑤间不容发:本指两物中间容不下一根头发,此处比喻事物之间距离极小,没有多少余地。 ⑥胪(lú)列:罗列,列举。

武夷茶

余向不喜武夷茶,嫌其浓苦如饮药。然丙午[①]秋,余游武夷到曼亭峰、天游寺诸处。僧道争以茶献。杯小如胡桃,壶小如香橼[②],每斟无一两。上口不忍遽[③]咽,先嗅其香,再试其味,徐徐咀嚼而体贴之。果然清芬扑鼻,舌有余甘,一杯之后,再试一二杯,令人释躁平矜,怡情悦性。始觉龙井虽清而味薄矣,阳羡[④]虽佳而韵逊矣。颇有玉与水晶,品格不同之故。故武夷享天下盛名,真乃不忝[⑤]。且可以瀹[⑥]至三次,而其味犹未尽。

【注释】

①丙午：乾隆五十一年（1786）。 ②香橼（yuán）：一种水果，也称枸橼、枸橼子、佛手柑，果呈椭圆形、近圆形或两端狭的纺锤形，或状如人手，有指，重可达2000克。 ③遽（jù）：急，急速，仓猝，匆忙。 ④阳羡：今江苏宜兴南部，战国时称“荆溪”，秦汉时置名为“阳羡”，阳羡制茶，渊源流长，久负盛名，唐代始做贡茶。 ⑤不忝（tiǎn）：不愧，不辱。 ⑥瀹（yuè）：煮，此处指烹茶。

龙井茶

杭州山茶，处处皆清，不过以龙井为最耳。每还乡上冢[1]，见管坟人家送一杯茶，水清茶绿，富贵人所不能吃者也。

【注释】

①冢（zhǒng）：本指高高垒起的坟墓，后泛指坟墓。

常州阳羡茶

阳羡茶，深碧色，形如雀舌[1]，又如巨米[2]。味较龙井略浓。

【注释】

①雀舌：麻雀等小鸟的舌头。 ②巨米：硕大的米粒。

洞庭君山茶

洞庭君山出茶，色味与龙井相同。叶微宽而绿过之。采掇最少。方毓川抚军[1]曾惠[2]两瓶，果然佳绝。后有送者，俱非真君山物矣。

此外如六安、银针、毛尖、梅片、安化，概行黜落[3]。

【注释】

①抚军：明清时对巡抚的别称，也称抚院、抚台、抚宪、抚臣。 ②慧：惠赠，赠送。 ③黜落：衰退，没落。

酒

余性不近酒，故律[1]酒过严，转能深知酒味。今海内动行绍兴，然沧酒之清，浔酒之洌，川酒之鲜，岂在绍兴下哉！大概酒似耆老宿儒[2]，越陈越贵，以初开坛者为佳，谚所谓“酒头茶脚”是也。炖法不及则凉，太过则老，近火则味变。须隔水炖，而谨塞其出气处才佳。取可饮者，开列于后。

【注释】

①律：评定，评价，评鉴。 ②耆（qí）老宿儒：耆，古称六十岁曰耆。耆老，老人。宿，长久从事某种工作。宿儒，素有声望的博学之士。

金坛于酒

于文襄公家所造，有甜、涩二种，以涩者为佳。一清彻骨，色若松花。其味略似绍兴，而清洌过之。

德州卢酒

卢雅雨转运[①]家所造，色如[②]于酒，而味略厚。

【注释】

①转运：古代官名"转运使"的简称，始自唐代，各朝各代的职责略有变动，清代清为都转盐运使，专管盐务。 ②如：同。

四川郫筒酒

郫[①]筒酒，清洌彻底，饮之如梨汁蔗浆，不知其为酒也。但从四川万里而来，鲜有不味变者。余七饮郫筒，惟杨笠湖刺史[②]木簰[③]上所带为佳。

【注释】

①郫：江名，为岷江的一条支流，从灌县分支，经过郫县，到成都市南与锦江合流。 ②刺史：清代对知州的别称。 ③木簰（pái）：通"木排"，用木材平摆着编扎而成的、在水中漂浮载人载物的一种交通工具，多用于江河上游水浅处。

绍兴酒

绍兴酒，如清官廉吏，不参一毫假，而其味方真。又如名士耆英[①]，长留人间，阅尽世故，而其质愈厚。故绍兴酒，不过五年者不可饮，参水者亦不能过五年。余常称绍兴为名士，烧酒为光棍。

【注释】

①耆英：年高品德出众的人。出自《邵氏闻见录》卷十："乃集洛中公卿大夫年德高者为耆英会"。

湖州[①]南浔酒

湖州南浔酒，味似绍兴，而清辣过之。亦以过三年者为佳。

【注释】

①湖州：今浙江湖州。

常州兰陵酒

唐诗有"兰陵美酒郁金香，玉碗盛来琥珀光"之句。余过常州，相国[①]刘文定公[②]饮以八年陈酒，果有琥珀之光。然味太浓厚，不复有清远之意矣。宜兴有蜀山酒，亦复相似。至于无锡酒，用天下第二泉[③]所作，本是佳品，而被市井[④]人苟且为之，遂至浇淳散朴[⑤]，殊可惜也。据云有佳者，恰未曾饮过。

【注释】

①相国：古代官名，始自汉代，为汉朝廷臣最高职务。后代对担任宰相的官员，也敬称相国。明清对于内阁大学士也雅称相国。 ②刘文定公：清代大臣刘统勋（1698—1773），字延清，号尔钝，山东诸城（今山东高密）人，历任刑部尚书、工部尚书、吏部尚书、内阁大学士、翰林院掌院学士及军机大臣等要职，为政清廉正直，敢于直谏，在吏治、军事、治河等方面颇有政绩。 ③天下第二泉：惠山泉，因被唐代"茶圣"陆羽品鉴评为"天下第二"而得名，被唐代诗人李坤称为"人间灵液"，位于江苏省无锡市西郊惠山山麓锡惠公园内。 ④市井：本指古代城邑中集中买卖货物的场所，后泛指街市。 ⑤浇淳散朴：也作"浇醇散朴"，出自《汉书·循吏传·黄霸》，意思是使淳朴的社会风气变得浮薄，此处指酒的质量下降。

溧阳[①]乌饭酒

余素不饮。丙戌年[②]，在溧水叶比部家，饮乌饭[③]酒至十六杯，傍人大骇，来相劝止。而余犹颓然[④]，未忍释手。其色黑，其味甘鲜，口不能言其妙。据云溧水风俗：生一女，必造酒一坛，以青精饭为之。俟嫁此女，才饮此酒。以故极早亦须十五六年。打瓮时只剩半坛，质能胶口[⑤]，香闻室外。

【注释】

①溧（lì）阳：今江苏常州溧阳县。 ②丙戌年：乾隆三十一年（1766）。 ③乌饭：用乌饭树煮成的乌米饭，也称青精饭，中医认为常吃乌饭能轻身明目，黑发驻颜，益气力而延年不衰。 ④颓然：本指委靡不振的样子，此处指感到扫兴。 ⑤胶口：黏唇。

苏州陈三白酒[①]

乾隆三十年，余饮于苏州周慕庵家。酒味鲜美，上口粘唇，在杯满而不溢。饮至十四杯，而不知是何酒，问之，主人曰："陈十余年之三白酒也。"因余爱之，次日再送一坛来，则全然不是矣。甚矣！世间尤物之难多得也。按郑康成[②]《周官》[③]注盎齐[④]云："盎者翁翁[⑤]然，如今酂白[⑥]。"疑即此酒。

【注释】

①三白酒：一种醇厚清纯、香甜可口的酒，也称"杜搭酒"。古人认为三白酒之所以得名，是因为米白、水白、曲白这三白的缘故。 ②郑康成：东汉末年儒家

学者、经学大师郑玄（127—200），字康成，北海高密（今山东潍坊）人，遍注儒家经典，以毕生精力整理古代文化遗产，使经学进入了“小统一时代”，史称“郑学”。③《周官》：《尚书·周书》的篇名。④盎齐：白酒。⑤翁翁：葱白色，酒浑浊的样子。⑥酂（cuó）白：白酒。

金华[1]酒

金华酒，有绍兴之清，无其涩；有女贞[2]之甜，无其俗。亦以陈者为佳。盖金华一路水清之故也。

【注释】

①金华：今浙江金华。②女贞：女贞酒，黄酒的一种。浙江地区古时有一种习俗，即家里生小孩时要酿造几坛黄酒，生子称“状元红”，生女称“女贞酒”，泥封窖藏，待儿女长大婚嫁之时取出宴客，其味醇香无比。

山西汾酒

既吃烧酒，以狠为佳。汾酒乃烧酒之至狠者。余谓烧酒者，人中之光棍，县中之酷吏也。打擂台，非光棍不可；除盗贼，非酷吏不可；驱风寒、消积滞，非烧酒不可。汾酒之下，山东膏粱烧次之，能藏至十年，则酒色变绿，上口转甜，亦犹光棍做久，便无火气，殊可交也。尝见童二树家泡烧酒十斤，用枸杞四两、苍术二两、巴戟天一两，布扎一月，开瓮甚香。如吃猪头、羊尾、“跳神肉”之类，非烧酒不可。亦各有所宜也。

此外如苏州之女贞、福贞、元燥，宣州之豆酒，通州之枣儿红，俱不入流品[1]；至不堪者，扬州之木瓜也，上口便俗。

【注释】

①流品：品类，等级。

附录一

食宪鸿秘

《食宪鸿秘》是一部清代饮食文献，相传为朱彝尊在康熙年间所写，晚清目录学家、文学家邵懿辰在《增订四库简明目录标注》中收录该书。有观点认为该书为乾隆中叶时有人伪托其名而作，但学术界普遍认为该书是朱彝尊本人所作。

朱彝尊（1629—1709），汉族，字锡鬯，号竹垞（chá），又号驱芳，晚号小长庐钓鱼师，又号金风亭长，秀水（今浙江嘉兴）人，在诸多学科领域都有极高的学术造诣，是清代著名的诗人、词人、经史学家、目录学家、藏书家。朱彝尊著述颇丰，著有《曝书亭集》八十卷，《日下旧闻》四十二卷，《经义考》三百卷；选《明诗综》一百卷，《词综》三十六卷（汪森增补）。

朱彝尊于康熙十八年（1679）举博学鸿词科，与富平李因笃、吴江潘耒、无锡严绳孙一同以布衣入选，时称“四大布衣”，随后授翰林院除检讨，并于康熙二十二年（1683）入直南书房，曾参与纂修《明史》，但在康熙三十一年（1692）以事被褫，离京南归。《食宪鸿秘》就是朱彝尊在南归之后根据自己的烹饪心得撰写的饮食文化大作。

《食宪鸿秘》全书共三卷——上卷、下卷和附录，以记载江浙风味菜肴为主，兼顾京菜及其他地方菜肴，共介绍菜肴、面点、佐料三百六十余道的制作方法、食用方法和保健功效。上卷一开篇的“食宪总论”就谈及饮食宜忌，然后再分为饮之属、饭之属、粉之属、粥之属、饵之属、酱之属、香之属、蔬之属等详细描述；下卷则分为餐芳谱、果之属、鱼之属、蟹禽之属、卵之属、肉之属、香之属等详加记述；附录记述的是汪拂云抄本的七十九条菜肴制作方法，比较全面地记载了我国古代饮食的烹饪工艺。

上卷

食宪总论

饮食宜忌

五味淡泊，令人神爽气清少病。务须洁。酸多伤脾，咸多伤心，苦多伤肺，辛多伤肝，甘多伤肾。尤忌生冷硬物。

食生冷瓜菜，能暗人耳目。驴马食之，即日眼烂，况于人乎？四时宜戒，不但夏月也。

夏月不问老少吃暖物，至秋不患霍乱吐泻。腹中常暖，血气壮盛，诸疾不生。

饮食不可过多，不可太速。切忌空心茶、饭后酒、黄昏饭。夜深不可醉，不可饱，不可远行。

虽盛暑极热，若以冷水洗手、面，令人五脏干枯，少津液，况沐浴乎？怒后不可便食，食后不可发怒。

凡食物，或伤肺肝，或伤脾胃，或伤心肾，或动风、引湿，并耗元气者，忌之。

软蒸饭，烂煮肉，少饮酒，独自宿，此养生妙诀也。脾以化食，夜食即睡，则脾不磨。《周礼》“以乐侑（yòu）食”，盖脾好音乐耳。闻声则脾健而磨，故音声毕出于脾。夏夜短，晚食宜少，恐难消化也。

新米煮粥，不厚不薄，乘热少食，不问早晚，饥则食，此养身佳境也。身其境者，或忽之，彼奔走名利场者，视此非仙人耶？

饭后徐行数步，以手摩面、摩胁、摩腹，仰面呵气四五口，去饮食之毒。

饮食不可冷，不可过热。热则火气即积为毒。痈疽（yōng jū）之类，半由饮食过热及炙煿（bó）热性。

伤食饱胀，须紧闭口齿，耸肩上视，提气至咽喉，少顷，复降入丹田，升降四五次，食即化。

治饮食不消，仰面直卧，两手按胸肚腹上，往来摩运。翻江倒海，运气九口。

酒可以陶性情、通血脉。然过饮则招风败肾，烂肠腐胁，可畏也。饱食后尤宜戒之。

酒以陈者为上，愈陈愈妙。酒戒酸、戒浊、戒生、戒狠暴、戒冷。务清、务洁、务中和之味。

饮酒不宜气粗及速。粗速伤肺。肺为五脏华盖，尤不可伤。且粗速无品。

凡早行，宜饮酒一瓯（ōu），以御霜露之毒。无酒，嚼生姜一片。烧酒御寒，其功在暂时，而烁（shuò）精耗血、助火伤目、须发早枯白，禁之可也。惟制药及豆腐、豆豉、卜之类并诸闭气物用烧酒为宜。

饮生酒、冷酒，久之，两腿肤裂，出水、疯、痹、肿，多不可治。或损目。

酒后渴，不可饮水及多啜茶。茶性寒，随酒引入肾藏，为停毒之水，令腰脚重坠、膀胱冷痛，为水肿、消渴、挛躄（bì）之疾。

大抵茶之为物，四时皆不可多饮。令下焦虚冷，不惟酒后也。惟饱饭后一二盏必不可少，盖能消食及去肥浓、煎煿之毒故也。空心尤忌之。

茶性寒，必须热饮。饮冷茶，未有不成疾者。

饮食之人有三：

一铺馁之人。食量本弘，不择精粗，惟事满腹。人见其蠢，彼实欲副其量，为损为益，总不必计。

一滋味之人。尝味务遍，兼带好名。或肥浓鲜爽，生熟备陈，或海错陆珍，谇非常馔。当其得味，尽有可口。然物性各有损益，且鲜多伤脾，炙多伤血之类。或毒味不察，不惟生冷发气而已。此养口腹而忘性命者也。至好名，费价而味实无足取者，亦复何必？

一养生之人。饮必好水（宿水滤净），饭必好米[（去砂石、谷稗，兼戒饐（yì）而餲（ài）]，蔬菜鱼肉但取目前常物，务鲜、务洁、务熟、务烹饪合宜。不事珍奇，而自有真味；不穷炙煿，而足益精神。省珍奇烹炙之赀（zī），而洁治水米及常蔬，调节颐养，以和于身地，神仙不当如是耶？

食不须多味，每食只宜一二佳味。纵有他美，须俟腹内运化后再进，方得受益。若一饭而包罗数十味于腹中，恐五脏亦供役不及。而物性既杂，其间岂无矛盾？亦可畏也。

饮之属

从来称饮必先于食，盖以水生于天，谷成于地，“天一生水，地二成之”之义也，故此亦先食而叙饮。

论水

人非饮食不生，自当以水谷为主。肴与蔬但佐之，可少可更。惟水谷不可不精洁。

天一生水。人之先天只是一点水。凡父母资禀清明，嗜欲恬澹者，生子必聪明寿考。此先天之故也。《周礼》云：“饮以养阳，食以养阴。”水属阴，故滋阳；谷属阳，故滋阴。以后天滋先天，可不务精洁乎？故凡污水、浊水、池塘死水、雷霆霹雳时所下雨水、冰雪水（雪水亦有用处，但要相制耳）俱能伤人，不可饮。

第一江湖长流宿水

品茶、酿酒贵山泉，煮饭、烹调则宜江湖水。盖江湖内未尝无原泉之性也，但得土气多耳。水要无土滓，又无土性。且水大而流活，其得太阳亦多，故为养生第一。即品泉者，亦必以扬子江心为绝品也。滩岸近人家洗濯（zhuó）处，即非好水。

暴取水亦不佳，与暴雨同。

取水藏水法

不必江湖，但就长流通港内，于半夜后舟楫未行时泛舟至中流，多带坛瓮取水归。多备大缸贮下，以青竹棍左旋搅百余回，急旋成窝即住手。将箬（ruò）笠盖好，勿触动。先时留一空缸，三日后，用洁净木杓于缸中心将水轻轻舀入空缸内，舀至七分即止。其周围白滓及底下泥滓，连水淘洗，令缸洁净。然后将别缸水如前法舀过。逐缸搬运毕，再用竹棍左旋搅过盖好。三日后舀过缸，剩去泥滓。如此三遍。预备洁净灶锅（专用常煮水旧锅为妙），入水，煮滚透，舀取入坛。每坛先入上白糖霜三钱于内，然后入水，盖好。停宿一二月取供，煎茶与泉水莫辨，愈宿愈好。煮饭用湖水宿下者乃佳。即用新水，亦须以绵绸滤去水中细虫（秋冬水清，春夏必有细虫杂滓）。

第二山泉雨水（烹茶宜）

山泉亦以源远流长者为佳。若深潭停蓄之水，无有来源，且不流出，但从四山聚入者亦防有毒。

雨水亦贵久宿（入坛，用炭火熬过）。黄梅天暴雨水极淡而毒，饮之损人，着衣服上即霉烂，用以煎胶矾制画绢，不久碎裂。故必久宿乃妙（久宿味甜）。三年陈梅水，凡洗书画上污迹及泥金澄漂，必须之至妙物也。

凡作书画，研墨着色必用长流好湖水。若用梅水、雨水，则胶散；用井水，则咸。

第三井花水

煮粥，必须井水，亦宿贮为佳。

盥面，必须井花水（平旦第一汲者名井花水，轻清斥润），则润泽益颜。

凡井水澄蓄一夜，精华上升，故第一汲为最妙。每日取斗许入缸，盖好，宿下用，盥面，佳。即用多，汲亦必轻轻下绠，重则浊者泛上，不堪。凡井久无人汲取者，不宜即供饮。

白滚水（空心嗜茶，多致黄瘦或肿癖，忌之）

晨起，先饮白滚水为上（夜睡，火气郁于上部，胸膈未舒，先开导之，使开爽）。淡盐汤或白糖或诸香露皆妙。即服药，亦必先饮一二口汤乃妙。

福橘汤

福橘饼，斯碎，滚水冲饮（“橘膏汤”制法见“果门”）。

橄榄汤

橄榄数枚，木搥击破，入小砂壶，注滚水，盖好，停顷作饮（刀切作黑绣、作腥，故须木搥击破）。

杏仁汤

杏仁，煮，去皮、尖，换水浸一宿。如磨豆粉法，澄。去水，加姜汁少许，白糖点注，或加酥蜜（北方土燥故也）。

暗香汤

腊月早梅，清晨摘半开花朵，连蒂入磁瓶。每一两许用炒盐一两洒入，勿用手抄，坏。箬叶、厚纸密封。入夏取开，先置蜜少许于杯内，加花三四朵，滚汤注入。花开如生，可爱。充茶，香甚。

须问汤

东坡居士歌括云：三钱生姜（干，为末），一斤枣（干用，去核），二两白盐

（飞过，炒黄），一两草（炙，去皮），丁香末香各半钱，约略陈皮一处捣。煎也好，点也好，红白容颜直到老。

凤髓汤（润肺，疗咳嗽）

松子仁、核桃仁（汤浸，去皮）各一两，蜜半斤。先将二仁研烂，次入蜜和匀，沸汤点服。

芝麻汤（通心气，益精髓）

干莲实一斤，带黑壳炒极燥，捣，罗极细末。粉草一两，微炒，磨末，和匀。每二钱入盐少许，沸汤点服。

乳酪方（从乳出酪，从酪出酥，从生酥出熟稣，从熟稣出醍醐）

牛乳一碗（或羊乳），搀水半钟，入白面三撮，滤过，下锅，微火熬之。待滚，下白糖霜。然后用紧火，将木杓打一会，熟了再滤入碗（糖内和薄荷末一撮更佳）。

奶子茶

粗茶叶煎浓汁，木杓扬之，红色为度。用酥油及研碎芝麻滤入，加盐或糖。

杏酪

京师甜杏仁，用热水泡，加炉灰一撮，入水，候冷，即捏去皮，用清水漂净。再量入清水，如磨豆腐法带水磨碎。用绢袋榨汁去渣。以汁入锅煮熟，加白糖霜热啖。或量加牛乳亦可。

麻腐

芝麻略炒，微香。磨烂，加水，生绢滤过，去渣。取汁煮熟，入白糖，热饮为佳。或不用糖，用少水凝作腐，或煎或入汤，供素馔（zhuàn）。

酒

《饮膳》标题云：酒之清者曰“酿”，浊者曰“盎”（àng），厚曰“醇”，薄曰“醨”（lí），重酿曰“酎”（zhòu），一宿曰“醴”（lǐ），美曰“醑”（xǔ），未榨曰“醅”（pēi），红曰“醍”（tǐ），绿曰“醽”（líng），白曰“醝”（cuō）。

又《说文》：酴（tú），酒母也；醴，甘酒一宿熟也；醪（láo），汁滓酒也；酎（宙），三重酒也；醨，薄酒也；醑，茜（缩）酒、醇酒也。

又《说文》：酒白谓之“醙”（sōu）。醙者，坏饭也，老也。饭老即坏，不坏即酒不甜。又曰：投者，再酿也。《齐民要术》“桑落酒”有六七投者。酒以投多为善。酿而后坏则甜，未酿先坏则酸，酿力到而饭舒徐以坏则不甜而妙。

酒酸

用赤小豆一升，炒焦，袋盛，入酒坛，则转正味。

北酒：沧、易、潞酒皆为上品，而沧酒尤美。

南酒：江北则称高邮五加皮酒及木瓜酒，而木瓜酒为良。江南则镇江百花酒为上，无锡陈者亦好，苏州状元红品最下。扬州陈苦酵亦可，总不如家制三白酒，愈陈愈好。南浔竹叶青亦为妙品。此外，尚有瓮头春、琥珀光、香雪酒、花露白、妃醉、蜜淋漓等名，俱用火酒促脚，非常饮物也。

饭之属

论米谷

食以养阴。米谷得阳气而生，补气正以养血也。

凡物久食生厌，惟米谷禀天地中和之气，淡而不厌，甘而非甜，为养生之本。故圣人“食不厌精”。夫粒食为人生不容已之事，苟遇凶荒贫乏，无可如何耳；每见素封者仓廪充积而自甘粗粝，砂砾、粃糠杂以稗谷都不拣去。力能洁净而乃以肠胃为砥（dǐ）石，可怪也。古人以食为命，彼岂以命为食耶？略省势利奔竞之费，以从事于精凿，此谓知本。

谷皮及芒最磨肠胃。小儿肠胃柔脆，尤宜捡净。

蒸饭

北方捞饭去汁而味淡，南方煮饭味足，但汤水、火候难得恰好。非饐（yì）则太硬，亦难适口，惟蒸饭最适中。

粉之属

粳米粉

白米磨细。为主，可炊松糕，炙燥糕。

糯米粉

磨、罗并细。为主，可饼、可炸、可糁（sǎn）食。

水米粉

如磨豆腐法，带水磨细。为元宵圆，尤佳。

碓粉

石臼杵（jiù chǔ）极细。制糕软燥皆宜。意致与磨粉不同。

黄米粉

冬老米磨，入八珍糕或糖和皆可。

藕粉

老藕切段，浸水。用磨一片，架缸上，将藕就磨磨擦，淋浆入缸。绢袋绞滤，澄去水，晒干。每藕二十斤，可成一斤。

藕节粉，血症人服之，尤妙。

鸡豆粉

新鸡豆，晒干，捣去壳，磨粉。作糕，佳。或作粥。

栗子粉

山栗切片，晒干，磨粉。可糕可粥。

菱角粉

去皮，捣滤成粉。

松柏粉

带露取嫩叶。捣汁，澄粉。绿香可爱。

山药粉

鲜者捣，干者磨。可糕可粥，亦可入肉馔。

蕨粉

作饼饵食，甚妙。有治成货者。

煮面

面不宜生水过。用滚汤温过，妙。冷淘，脆烂。

面毒

用黑豆汁和面，再无面毒。

粥之属

煮粥

凡煮粥，用井水则香，用河水则淡而无味。然河水久宿煮粥，亦佳。井水经暴雨过，亦淡。

神仙粥（治感冒伤风初起等症）

糯米半合，生姜五大片，河水二碗，入砂锅煮二滚，加入带须葱头七八个，煮至米烂。入醋半小钟，乘热吃。或只吃粥汤，亦效。米以补之，葱以散之，醋以收之，三合甚妙。

胡麻粥

胡麻去皮蒸熟，更炒令香。每研烂二合，同米三合煮粥。胡麻皮肉俱黑者更妙，乌须发、明目、补肾，仙家美膳。

薏苡粥

薏米虽舂白，而中心有坳，坳内糙皮如梗，多耗气。法当和水同磨，如磨豆腐法，用布滤过，以配芡粉、山药乃佳。薏米治净，停对白米煮粥。

山药粥（补下元）

怀山药为末，四六分配米煮粥。

芡实粥（益精气、广智力、聪耳目）

芡实，去壳。新者研膏，陈者磨粉，对米煮粥。

肉粥

白米煮成半饭，碎切熟肉如豆，加笋丝、香蕈、松仁，入提清美汁，煮熟。咸菜采啖（dàn），佳。

羊肉粥（治羸弱壮阳）

蒸烂羊肉（四两），细切，加入人参、白茯苓（各一钱）、黄芪（五分），俱为细末，大枣（二枚），细切，去核，粳米（三合）、飞盐（二分），煮熟。

饵之属

顶酥饼

生面，水七分、油三分和稍硬，是为外层（硬则入炉时皮能顶起一层，过软则粘不发松）。生面每斤入糖四两，纯油和，不用水，是为内层。扞须开折，须多遍，则层多。中层裹馅。

雪花酥饼

与“顶酥”面同。皮三瓤七则极酥。入炉，候边干定为度，否则皮裂。

蒸酥饼

笼内着纸一层，铺面四指，横顺开道，蒸一二炷香，再蒸更妙。取出，趁热用手搓开，细罗罗过，晾冷，勿令久阴湿。候干，每斤入净糖四两，脂油四两，蒸过干粉三两，搅匀，加温水和剂，包馅，模饼。

薄脆饼

蒸面，每斤入糖四两、油五两，加水和，扞开，半指厚。取圆，粘芝麻，入炉。

裹馅饼（即千层饼也）

面与顶酥瓤同。内包白糖，外粘芝麻。入炉，要见火色。

炉饼

蒸面，用蜜、油停对和匀，入模。蜜四油六则太酥，蜜六油四则太甜，故取平。

玉露霜

天花粉四两，干葛一两，橘梗一两（俱为面），豆粉十两，四味搅匀。干薄荷用水洒润，放开，收水迹，铺锡盂底，隔以细绢，置粉于上。再隔绢一层，又加薄荷。盖好，封固。重汤煮透，取出，冷定。隔一二日取出，加白糖八两和匀，印模。

一方：止用菉（lù）豆粉、薄荷，内加白檀末。

内府玫瑰火饼

面一斤、香油四两、白糖四两（热水化开）和匀，作饼。用制就玫瑰糖，加胡桃白仁、榛松瓜子仁、杏仁（煮七次，去皮尖）、薄荷及小茴香末擦匀作馅。两面粘芝麻熯（hàn）热。

松子海啰嗦

糖卤入锅熬一饭顷，搅冷。随手下炒面，旋下剁碎松子仁，搅匀，拨案上（先用酥油抹案）。扞（gǎn）开，乘温切象眼块（冷切恐碎）。

椒盐饼

白糖（二斤）、香油（半斤）、盐（半两）、椒末（一两）、茴香末（一两），和面，为瓤（更入芝麻粗屑尤妙）。每一饼夹瓤一块，扞薄熯之。

又法：汤、油对半和面，作外层，内用瓤（ráng）。

晋府千层油旋烙饼（此即虎邱蓑衣饼也）

白面一斤，白糖二两水化开，入真香油四两，和面作剂。扞开，再入油成剂；扞开，再入油成剂，再扞。如此七次，火上烙之，甚美。

到口酥

酥油十两，化开，倾盆内，入白糖七两，用手檫极匀。白面一斤，和成剂。扞作小薄饼，拖炉微火熯。

或印。或饼上栽松子，即名松子饼。

素焦饼

瓜、松、榛杏等仁，和白面，捣印，烙饼。

芋饼

生芋捣碎，和糯米粉为饼，随意用馅。

韭饼（荠菜同法）

好猪肉细切臊（sào）子，油炒半熟（或生用），韭生用，亦细切，花椒、砂仁酱拌。扞薄面饼，两合拢边，熯之（北人谓之“合子”）。

光烧饼（即北方代饭饼）

每面一斤，入油半两，炒盐一钱，冷水和，骨鲁槌扞开，鏊（ào）上煿（bó），待硬，缓火烧热。极脆美。

菉豆糕

菉豆用小磨磨，去皮，凉水过净。蒸熟，加白糖捣匀，切块。

八珍糕

山药、扁豆各一斤，苡仁、莲子、芡实、茯苓、糯米各半斤，白糖一斤。

栗糕

栗子风干剥净，捣碎磨粉，加糯米粉三之一，糖和，蒸熟，妙。

水明角儿

白面一斤，逐渐撒入滚汤，不住手搅成稠糊。划作一二十块，冷水浸至雪白，放稻草上拥出水。豆粉对配，作薄皮包馅，蒸，甚妙。

油饺儿

白面入少油，用水和剂，包馅，作饺（jiǎ）儿，油煎（馅同"肉饼"法）。

面鲊

麸切细丝一斤，杂果仁细料一升，笋、姜各丝，熟芝麻、花椒二钱，砂仁、茴香末各半钱，盐少许，熟油拌匀。

或入锅炒为虀（jī），亦可。

面脯

蒸熟麸，切大片，香料、酒、酱煮透，晾干，油内浮煎。

响面筋

面筋切条，压干，入猪油炸过，再入香油炸。笊起，椒盐洒拌。入齿有声。不经猪油，不能坚脆也。

制就，入糟油或酒酿浸食，更佳。

薰面筋

细麸切方寸块，煮一过，榨干，入甜酱内一二日取出，抹净。用鲜虾煮汤（虾多水少为佳。用虾米汤亦妙），加白糖些少，入浸一宿（或饭锅顿），取起，搁干炭火上微烘干，再浸虾汤内，取出再烘干。汤尽，入油略沸，捞起，搁干，薰过收贮。

虾汤内再加椒、茴末。

馅料

核桃肉、白糖对配，或量加蜜或玫瑰、松仁、瓜仁、榛杏。

糖卤（凡制甜食，须用糖卤。内府方也）

每白糖一斤，水三碗，熬滚。白绵布滤去尘垢，原汁入锅再煮，手试之，稠粘为度。

制酥油法

牛乳入锅熬一二沸，倾盆内冷定，取面上皮。再熬，再冷，可取数次皮。将皮入锅煎化，去粗渣收起，即是酥油。留下乳渣，如压豆腐法压用。

乳滴（南方呼焦酪）

牛乳熬一次，用绢布滤冷水盆内。取出再煞，再倾入水，数次，膻气净尽。入锅，加白糖熬热，用匙取乳滴冷水盆内（水另换），任成形象。或加胭脂、栀子各颜色，美观。

阁老饼

邱琼山：尝以糯米淘净，和水粉，沥干，计粉二分，白面一分。其馅随用。熯熟为供。软腻，甚适口。

玫瑰饼

玫瑰捣去汁，用滓，入白糖，模饼。

玫瑰与桂花去汁而香不散。他花不然。

野蔷微、菊花及叶俱可去汁。

“桂花饼”同此法。

菊饼

黄甘菊去蒂，捣，去汁，白糖和匀，印饼。

加梅卤成膏，不枯，可久。

山查膏

冬月山查，蒸烂，去皮、核，净。每斤入白糖四两，捣极匀，加红花膏并梅卤少许，色鲜不变。冻就，切块，油纸封好。外涂蜂蜜，磁器收贮，堪久。

梨膏（或配山查一半）

梨去核，净，捣出自然汁，慢火熬如稀糊。每汁十斤，入蜜四斤，再熬，收贮。

乌葚膏

黑桑葚取汁，拌白糖晒稠。量入梅肉及紫苏末，捣成饼，油纸包，晒干，连纸收。色黑味酸，咀之有味。雨天润泽，经岁不枯。

核桃饼

核桃肉去皮，和白糖，捣如泥，模印。稀不能持。蒸江米饭，摊冷，加纸一层，置饼于上一宿，饼实而米反稀。

橙膏

黄橙四两，用刀切破，入汤煮熟。取出，去核捣烂，加白糖，稀布滤汁，盛磁盘，再顿过。冻就，切食。

莲子缠

莲肉一斤，泡，去皮、心，煮熟。以薄荷霜二两、白糖二两裹身，烘焙干，入供。

杏仁、榄仁、核桃同此法。

芰什麻（南方谓之“浇切”）

白糖六两、饧（xíng）糖二两，慢火熬。试之稠粘，入芝麻一升，炒面四两，和匀。案上先洒芝麻，使不粘，乘热拨开，仍洒芝麻末，骨鲁槌扞开，切象眼块。

上清丸

南薄荷一斤，百药煎一斤，寒水石煆（xiā）、元明粉、橘梗、诃（hē）子肉、南木香、人参、乌梅肉、甘松各一两，柿霜二两，细茶一钱，甘草一斤，熬膏。或加蜜一二两熬，和丸，如白果大。每用一丸，噙（qín）化。

梅苏丸

乌梅肉二两、干葛六钱、檀香一钱、苏叶三钱、炒盐一钱、白糖一斤，共为末。乌梅肉捣烂，为丸。

香茶饼

甘松、白豆蔻、沉香、檀香、桂枝、白芷各三钱，孩儿茶、细茶、南薄荷各一两，木香、藁（gǎo）本各一钱，共为末。入片脑五分，甘草半斤，细锉。水浸一宿，去渣，熬成膏，和剂。

酱之属

合酱

今人多取正月晦日合酱。是日偶不暇为，则云：“时已失。”大误也。按：古者王政重农，故于农事未兴之时，俾民乘暇备一岁调鼎之用，故云“雷鸣不作酱”，恐二三月间夺农事也。今不躬耕之家，何必以正晦为限，亦不须避雷，但要得法耳（李济翁《资暇录》）。

飞盐

古人调鼎，必曰盐梅。知五味以盐为先。盐不鲜洁，纵极烹饪无益也。用好盐入滚水泡化，澄去石灰、泥滓，入锅煮干，入馔（zhuàn）不苦。

甜酱

伏天取带壳小麦淘净，入滚水锅，即时捞出。陆续入，即捞，勿久滚。捞毕，滤干水，入大竹箩内，用黄蒿盖上。三日后取出，晒干。至来年二月再晒。去膜播净，磨成细面，罗过，入缸内。量入盐水，夏布盖面，日晒成酱。味甜。

甜酱方（用面不用豆）

二月，白面百斤，蒸成大馒子，劈作大块，装蒲包内按实，盛箱，发黄（大约面百斤成黄七十五斤），七日取出。不论干湿，每黄一斤，盐四两。将盐入滚水化开，澄去泥滓，入缸，下黄。将熟，用竹格细搅过，勿留块。

酱油

黄豆或黑豆煮烂，入白面，连豆汁揣和使硬。或为饼，或为窝。青蒿盖住，发黄。磨末，入盐汤，晒成酱。用竹篾密挣缸下半截，贮酱于上，沥下酱油，或生绢袋盛滤。

甜酱

白豆炒黄，磨极细粉，对面，水和成剂。入汤煮熟，切作糕片，合成黄子，搥碎，同盐瓜、盐卤层叠入瓮，泥头。十个月成酱，极甜。

一料酱方

上好陈酱（五斤）、芝麻（二升炒）、姜丝（五两）、杏仁（二两）、砂仁（二两）、陈皮（三两）、椒末（一两）、糖（四两），熬好菜油，炒干，入篓。暑月行千里不坏。

糯米酱方

糯米一小斗，如常法做成酒，带糟，入炒盐一斤，淡豆豉半斤，花椒三两，胡椒五钱，大茴香、小茴香各二两，干姜二两。以上和匀磨细，即成美酱，味最佳。

鲲酱（虾酱同法）

鱼子去皮、沫，勿见生水，和酒、酱油磨过。入香油打匀，晒、搅，加花椒、茴香晒干成块。加料及盐、酱，抖开再晒方妙。

腌雪

腊雪拌盐贮缸，入夏，取水一杓（sháo）煮鲜肉，不用生水及盐、酱，肉味如暴腌，中边加透，色红可爱，数日不坏。

用制他馔及合酱俱妙。

芥卤

腌芥菜盐卤，煮豆及萝卜丁，晒干，经年可食。

入坛封固，埋土，三年后化为泉水。疗肺痈、喉鹅。

笋油

南方制咸笋干，其煮笋原汁与酱油无异，盖换笋而不换汁故。色黑而润，味鲜而厚，胜于酱油，佳品也。山僧受用者多，民间鲜制。

神醋（六十五日成）

五月二十一淘米，每日淘一次，淘至七次，蒸饭。熟，晾冷，入坛，用青夏布扎口，置阴凉处。坛须架起，勿着地。六月六日取出，重量一碗饭、两碗水入坛。每七打一次，打至七次煮滚。入炒米半斤，于坛底装好，泥封。

醋方

老黄米一斗，蒸饭，酒曲一斤四两，打碎，拌入瓮。一斗饭，二斗水。置净处，要不动处，一月可用。

大麦醋

大麦仁，蒸一斗，炒一斗，晾冷。用曲末八两拌匀，入坛。煎滚水四十斤注入，夏布盖。日晒，时移向阳。三七日成醋。

神仙醋

午日起，取饭锅底焦皮，捏成团，投筐内悬起。日投一个，至来年午日，搥碎，播净，和水入坛，封好。三七日成醋，色红而味佳。

收醋法

头醋滤清，煎滚入坛。烧红火炭一块投入，加炒小麦一撮。封固，永不败。

甜糟

上白江米二斗，浸半月，淘净，蒸饭，摊冷，入缸。用蒸饭汤一小盆作浆，小曲六块，捣细罗末，拌匀（用南方药末更妙）。中挖一窝，周围按实，用草盖盖上，勿太冷太热。七日可熟。将窝内酒酿撇起，留糟。每米一斗，入盐一碗，橘皮细切，量加。封固，勿使蝇虫飞入。听用。

或用白酒甜糟。每斗入花椒三两、大茴二两、小茴一两、盐二升，香油二斤拌贮。

制香糟

江米一斗，用神曲十五两，小曲十五两，用引酵酿就。入盐十五两，搅转，入红曲末一斤，花椒、砂仁、陈皮各三钱，小茴一钱，俱为末，和匀，拌入，收坛。

糟油

做成甜糟十斤、麻油五斤、上盐二斤八两、花椒一两，拌匀。先将空瓶用稀布扎口，贮瓮内，后入糟封固。数月后，空瓶沥满，是名“糟油”。甘美之甚。

制芥辣

芥子一合，入盆擂细。用醋一小盏，加水和调，入细绢挤出汁，置水缸凉处。临用，再加酱油、醋调和。甚辣。

梅酱

三伏取熟梅，捣烂，不见水，不加盐，晒十日。去核及皮，加紫苏，再晒十日，收贮。用时，或入盐，或入糖。梅经伏日晒，不坏。

咸梅酱

熟梅一斤，入盐一两，晒七日。去皮、核，加紫苏，再晒二七日，收贮。点汤，和冰水，消暑。

甜梅酱

熟梅，先去皮，用丝线刻下肉，加白糖拌匀。重汤顿透，晒一七收藏。

梅卤

腌青梅卤汁，至妙。凡糖制各果，入汁少许，则果不坏而色鲜不退。此丹头也。代醋拌蔬，更佳。

豆豉（大黑豆、大黄豆俱可用）

大青豆一斗（浸一宿，煮熟。用面五斤缠衣。摊席上晾干。楮叶盖，发中黄。淘净）、苦瓜皮十斤（去内白一层，切作丁。盐腌，榨干），飞盐五斤（或不用），杏仁四升（约二斤。煮七次，去皮、尖。若京师甜杏仁，泡一次），生姜五斤（刮去皮，切丝。或用一二斤），花椒半斤（去梗目，或用两许），薄荷、香菜、紫苏叶五两（三味不拘。俱切碎），陈皮半斤或六两（去白，切丝），大茴香、砂仁各四两（或并用小茴四两、甘草六两），白豆蔻一两（或不用），草果十枚（或不用），荜拨（bì bō）、良姜各三钱（或俱不用），官桂五钱，共为末，合瓜、豆拌匀，装坛。用金酒、好酱油对和加入，约八、九分满。包好。数日开看，如淡，加酱油；如咸，加酒。泥封固，晒。伏制秋成，味美。

香豆豉（制黄子以三月三日、五月五日）

大黄豆一斗，水淘净，浸一宿，滤干。笼蒸熟透，冷一宿，细面拌匀（逐颗散开）。摊箔上（箔离地一二尺），上用楮叶，箔（bó）下用蒿草密覆，七日成黄衣。晒干，簸净。加盐（二斤），草果（去皮十个），莳萝（二两），小茴、花椒、官桂、砂仁等末（各二两），红豆末（五钱），陈皮、橙皮（切丝，各五钱），瓜仁（不拘），杏仁（不拘），苏叶（切丝，二两），杏草（去皮，切，一两），薄荷叶（切，一两），生姜（临时切丝，二斤），菜瓜（切丁，十斤）。以上和匀，于六月六日下，不用水，一日拌三五次，装坛。四面轮日晒，三七日，倾出，晒半干，复入坛。用时，或用油拌，或用酒酿拌，即是湿豆豉。

熟茄豉

茄子用滚水沸过，勿太烂，用板压干，切四开。

生甜瓜（他瓜不及）切丁，入少盐，晾干。每豆黄一斤，茄对配，瓜丁及香料量加。用好油四两，好陈酒十二两，拌。晒透，入坛，晒，妙甚。

豆以黑、烂、淡为佳。

燥豆豉

大黄豆一斗，水浸一宿。茴香、花椒、官桂、苏叶各二两，甘草五钱，砂仁一两，盐一斤，酱油一碗，同入锅。加水浸豆三寸许。烧滚，停顿，看水少，量加热水。再烧熟烂。取起，沥汤，烈日晒过，仍浸原汁。日晒夜浸，汁尽豆干。坛贮，任用（干后再用烧酒拌润、晒干，更妙）。

松豆（陈眉公方）

大白圆豆，五日起，七夕止，日晒夜露（雨则收过）。毕，用太湖沙或海沙入锅炒（先入沙炒热，次入豆），香油熬之，用筛筛去沙。豆松无比，大如龙眼核。或加油盐或砂仁酱或糖卤拌俱可。

豆腐

干豆，轻磨，拉去皮，簸净。淘，浸，磨浆，用绵绸沥出（用布袋绞挤，则粗）。勿揭起皮（取皮则精华去，而腐粗懈），盐卤点就，压干者为上（或用石膏点，食之去火，然不中庖厨制度。北方无盐卤，用酸泔）。

建腐乳

如法豆腐，压极干。或绵纸裹，入灰收干。切方块，排列蒸笼内。每格排好，装完，上笼，盖。春二三月，秋九十月，架放透风处（浙中制法：入笼，上锅蒸过，乘热置笼于稻草上，周围及顶俱以砻糠埋之。须避风处）。五六日生白毛。毛色渐变黑或青红色，取出，用纸逐块拭去毛翳，勿触损其皮（浙中法：以指将毛按实腐上，鲜）。每豆一斗，用好酱油三斤。炒盐一斤入酱油内（如无酱油，炒盐五斤）。鲜色红曲八两，拣净茴香、花椒、甘草，不拘多少，俱为末，与盐酒搅匀。装腐入罐，酒料加入（浙中：腐出笼后，按平白毛，铺在缸盆内。每腐一块，撮盐一撮，于上淋尖为度。每一层腐一层盐。俟盐自化，取出，日晒，夜浸卤内。日晒夜浸，收卤尽为度，加料酒入坛），泥头封好，一月可用。若缺一日，尚有腐气未尽。若封固半年，味透，愈佳。

薰豆腐

得法豆腐压极干，盐腌过，洗净，晒干。涂香油薰之。

凤凰脑子

好腐腌过，洗净，晒干。入酒酿糟，槽透，妙甚。

每腐一斤，用盐三两，腌七日一翻，再腌七日，晒干。将酒酿连糟捏碎，一层糟，一层腐，入坛内。越久越好。每二斗米酒酿，糟腐二十斤。腐须定做极干、盐卤沥者。

酒酿用一半糯米，一半粳米，则耐久不酸。

糟乳腐

制就陈乳腐，或味过于咸，取出，另入器内。不用原汁，用酒酿、甜糟层层叠糟，风味又别。

冻豆腐

严冬，将豆腐用水浸盆内，露一夜。水冰而腐不冻，然腐气已除。味佳。

或不用水浸，听其自冻，竟体作细蜂窠状。洗净，或入美汁煮，或油炒，随法烹调，风味迥别。

酱油腐干

好豆腐压干，切方块。将水酱一斤（如要赤，内用赤酱少许），用水二斤同煎数滚，以布沥汁。次用水一斤，再煎前酱渣数滚（以酱淡为度），仍布沥汁。去渣，然后合并酱汁，入香蕈、丁香、白芷、大茴香、桧皮各等分，将豆腐同入锅煮数滚，浸半日。其色尚未黑取起，令干。隔一夜，再入汁内煮数次，味佳。

豆腐脯

好腐油煎，用布罩密盖，勿令蝇虫入。候臭过，再入滚油内沸，味甚佳。

豆腐汤

先以汁汤入锅，调味得所，烧极滚。然后下腐，则味透而腐活。

煎豆腐

先以虾米（凡诸鲜味物）浸开，饭锅顿过，停冷，入酱油、酒酿得宜。候着。锅须热，油须多，熬滚，将腐入锅，腐响热透。然后将虾米并汁味泼下，则腐活而味透，迥然不同。

笋豆

鲜笋切细条，同大青豆加盐，水煮熟。取出，晒干。天阴炭火烘。再用嫩笋皮煮汤，略加盐，滤净，将豆浸一宿，再晒。日晒夜浸多次，多收笋味为佳。

茄豆

生茄切片，晒干，大黑豆、盐、水同煮极熟。加黑沙糖。即取豆汁，调去沙脚，入锅再煮一顿，取起，晒干。

蔬之属

京师腌白菜

冬菜百斤，用盐四斤，不甚咸。可放到来春。由其天气寒冷，常年用盐，多至七八斤亦不甚咸。朝天宫冉道士菜，一斤止用盐四钱。

南方盐齑菜，每百斤亦止用盐四斤。可到来春。取起，河水洗过，晒半干，入锅烧熟，再晒干。切碎，上笼蒸透。再晒，即为梅菜。

北方黄芽菜腌三日可用。南方腌七日可用。

腌菜法

白菜一百斤，晒干。勿见水。抖去泥，去败叶。先用盐二斤叠入缸。勿动手。腌三四日。就卤内洗。加盐，层层叠入坛内。约用盐三斤。浇以河水，封好。可长久（腊月做）。

又法

冬月白菜，削去根，去败叶，洗净，挂干。每十斤，盐十两。用甘草数根，先放瓮内，将盐撒入菜丫内，排入瓮中。入莳萝少许（椒末亦可），以手按实，再入甘草数根。将菜装满，用石压面。三日后取菜，翻叠别器内（器忌生水），将原卤浇入。候七日，依前法翻叠，叠实。用新汲水加入，仍用石压。味美而脆。至春间，食不尽者，煮晒干，收贮。夏月温水浸过，压去水，香油拌，放饭锅蒸食，尤美。

菜齑

大菘菜（即芥菜）洗净，将菜头十字劈裂。菜菔取紧小者切作两半，俱晒去水脚，薄切小方寸片，入净罐。加椒末、茴香，入盐、酒、醋，擎罐摇播数十次，密盖罐口，置灶上温处。仍日摇播一晌。三日后可供。青白间错，鲜洁可爱。

酱芥

拣好芥菜，择去败叶，洗净，将绳挂背阴处。用手频揉，揉二日后软熟。剥去边菜，止用心，切寸半许。熬油入锅，加醋及酒并少水烧滚，入菜。一焯过，趁热入盆。用椒末、酱油浇拌，急入坛，灌以原汁。用凉水一盆，浸及坛腹，勿封口。二日，方扎口，收用。

醋菜

黄芽菜去叶晒软。摊开菜心，更晒内外俱软。用炒盐叠一二日，晾干，入坛。一层菜，一层茴香、椒末，按实，用醋灌满。三四十日可用（醋亦不必甚酽者）。各菜俱可做。

姜醋白菜

嫩白菜，去边叶，洗净，晒干。止取头刀、二刀，盐腌，入罐。淡醋、香油煎滚，一层菜，一层姜丝，泼一层油醋封好。

覆水辣芥菜

芥菜，只取嫩头细叶长一二寸及丫内小枝。晒十分干，炒盐挐，挐透。加椒、茴末拌匀，入瓮，按实，香油浇满罐口（或先以香油拌匀，更妙。但嫌累手故耳）。俟油沁下菜面，或再斟酌加油。俟沁透，用箬盖面，竹签十字撑紧。将罐覆盆内，俟油沥下七八（油仍可用），另用盆水，覆罐口入水一二寸。每日一换水，七日取起，覆罐干处，用纸收水迹，包好，泥封。入夏取出，翠色如生。切细，好醋浇之，鲜辣，醒酒佳品也。冬做夏供，夏做冬供。春做亦可。

撒拌和菜法

麻油加花椒，熬一二滚，收贮。用时取一碗，入酱油、醋、白糖少许，调和得宜。凡诸菜宜油拌者，入少许，绝妙。白菜、豆芽菜、水芹菜俱须滚汤焯熟，入冷汤漂过，抟干入拌。菜色青翠，脆而可口。

细拌芥

十月，采鲜嫩芥菜，细切，入汤一焯即捞起。切生莴苣，熟香油、芝麻、飞盐拌匀入瓮，三五日可吃。入春不变。

十香菜

苦瓜（去白肉，用青皮。盐腌，晒干，细切十斤，伏天制），冬菜（去老皮，用心，晒干）切十斤，生姜（切细丝）五斤，小茴五合（炒），陈皮（切细丝）五钱，花椒二两（炒，去梗目），香菜一把（切碎），制杏仁一升，砂仁一钱，甘草、官桂各三钱（共为末），装袋内，入甜酱酱之。

油椿

香椿洗净，用酱油、油、醋入锅煮过，连汁贮瓶用。

淡椿

椿头肥嫩者，淡盐挐过，薰之。

附禁忌

赤芥有毒，食之杀人。

三月食陈菹，至夏生热病恶疮。

十月食霜打黄叶（凡诸蔬菜叶），令人面枯无光。

檐滴下菜有毒。

王瓜干

王瓜，去皮劈开，挂煤火上，易干（南方则灶侧及炭炉畔）。

染坊沥过淡灰，晒干，用以包藏生王瓜、茄子，至冬月，如生，可用。

酱王瓜

王瓜，南方止用腌菹，一种生气，或有不喜者。唯入甜酱酱过，脆美胜于诸瓜。固当首列《月令》，不愧隆称。

食香瓜

生瓜，切作棋子，每斤盐八钱，加食香同拌。入缸腌一二日取出，控干，复入卤。夜浸日晒，凡三次，勿太干。装坛听用。

上党甜酱瓜

好面，用滚水和大块，蒸熟，切薄片。上下草盖，一二七发黄。日晒夜收，干了，磨细面，听用。

大瓜三十斤，去瓤，用盐一百二十两，腌二三日，取出，晒去水气，将盐汁亦晒日许，佳。拌面入大坛。一层瓜，一层面，纸箬密封，烈日转晒。从伏天至九月。计已熟，将好茄三十斤，盐三十两，腌三日。开坛，将瓜取出，人茄坛底，压瓜于上，封好。食瓜将尽，茄已透。再用腌姜量入。

酱瓜茄

先以酱黄铺缸底一层，次以鲜瓜茄铺一层，加盐一层，又下酱黄，层层间叠。五七宿，烈日晒好，入坛。欲作干瓜，取出晒之（不用盐水）。

瓜虀

生菜瓜，每斤随瓣切开，去瓤，入百沸汤焯过，用盐五两擦、腌过。

豆豉末半斤，酽醋半斤，面酱斤半，马芹、川椒、干姜、陈皮、甘草、茴香各半两，芜荑二两，共为细末，同瓜一处拌匀，入瓮，按实。冷处顿放。半月后熟，瓜色明透如琥珀，味甚香美。

附禁忌

凡瓜两鼻两蒂，食之杀人。

食瓜过伤，即用瓜皮煎汤解之。

伏姜

伏月，姜腌过，去卤，加椒末、紫苏、杏仁、酱油，拌匀，晒干入坛。

糖姜

嫩姜一斤，汤煮，去辣味过半。砂糖四两，煮六分干，再换糖四两。如嫌味辣，再换糖煮一次（或只煮一次，以后蒸顿皆可）。略加梅卤，妙。

剩下糖汁可别用。

五美姜

嫩姜一斤，切片，白梅半斤（打碎去仁），炒盐二两，拌匀，晒三日。次入甘松一钱、甘草五钱、檀香末二钱拌匀，晒三日，收贮。

糟姜

姜一斤，不见水，不损皮，用干布擦去泥。秋社日前，晒半干。一斤糟、五两盐，急拌匀，装入坛。

又急就法

社前嫩姜，不论多少，擦净，用酒和糟、盐拌匀，入坛。上加沙糖一块。箬叶包口，泥封。七日可用。

法制伏姜（姜不宜日晒，恐多筋丝。加料浸后晒，则不妨）

姜四斤，剖去皮，洗净，晾干，贮磁盆。入白糖一斤，酱油二斤，官桂、大茴、陈皮、紫苏各二两，细切，拌匀。初伏晒起，至末伏止收贮。晒时用稀红纱罩，勿入蝇子。此姜神妙，能治百病。

附禁忌

妊妇食干姜，胎内消。

糟茄

诀曰：五糟（五斤也）六茄（六斤也）盐十七（十七两），一碗河水（水四两）

甜如蜜。做来如法收藏好，吃到来年七月七(二日即可供)。霜天小茄肥嫩者，去蒂萼，勿见水，用布拭净，入磁盆，如法拌匀。虽用手，不许揉挐。三日后，茄作绿色，入坛。原糟水浇满，封半月可用。色翠绿，内如黄蚋色，佳味也。

又方

中样晚茄，水浸一宿，每斤盐四两，糟壹斤。

蝙蝠茄(味甜)

霜天小嫩黑茄，用笼蒸一炷香，取出，压干。入酱一日，取出，晾去水气，油炸过。白糖、椒末层叠装罐，原油灌满。

油炸后，以梅油拌润更妙(梅油即梅卤)。

香茄

嫩茄，切三角块，滚汤焯过，稀布包，榨干。盐腌一宿，晒干。姜、橘、紫苏丝拌匀，滚糖醋泼。晒干，收贮。

山药

不见水，蒸烂，用箸搅如糊。或有不烂者，去之。或加糖，或略加好汁汤者为上。其次同肉煮。若切片或条子，配入羹汤者，最下下庖也。

煨冬瓜

老冬瓜，切下顶盖半尺许，去瓤，治净。好猪肉，或鸡、鸭，或羊肉，用好酒、酱油、香料、美味调和，贮满瓜腹。竹签三四根，仍将瓜盖签好。竖放灰堆内，用砻糠铺，应及四围，窝到瓜腰以上。取灶内灰火，周围培筑，埋及瓜顶以上。煨一周时，闻香取出。切去瓜皮，层层切下供食，内馔外瓜，皆美味也。

酱麻菇

麻菇，择肥白者洗净，蒸熟。酒酿、酱油泡醉，美。

醉香蕈

拣净，水泡，熬油锅炒熟。其原泡出水澄去滓，乃烹入锅，收干取起。停冷，用冷浓茶洗去油气，沥干。入好酒酿、酱油醉之，半日味透。素馔中妙品也。

笋干

诸咸淡干笋，或须泡煮，或否，总以酒酿糟糟之，味佳。硬笋干，用豆腐浆泡之易软，多泡为主。

笋粉

鲜笋老头不堪食者，切去其尖嫩者供馔。其差老白而味鲜者，看天气晴明，用药刀如切极薄饮片，置净筛内，晒干（至晚不甚干，炭火微薰。柴火有烟不用）。干极，磨粉，罗过收贮。或调汤或顿蛋腐或拌臊子细肉，加入一撮，供于无笋时，何其妙也。

木耳

洗净，冷水泡一日夜。过水，煮滚。仍浸冷水内，连泡四五次，渐肥厚而松嫩。用酒酿、酱油拌醉为上。

薰蕈

南香蕈肥大者，洗净，晾干。入酱油浸半日，取出搁稍干。掺茴、椒细末，柏枝薰。

生笋干

鲜笋，去老头，两劈，大者四劈，切二寸段。盐揉过，晒干。每十五斤成一斤。

笋鲊

早春笋，剥净，去老头，切作寸许长，四分阔，上笼蒸熟。入椒盐、香料拌，晒极干（天阴炭火烘）。入坛，量浇熟香油，封好，久用。

糟笋

冬笋，勿去皮，勿见水，布擦净毛及土（或用刷牙细刷）。用箸搠笋内嫩节，令透。入腊香糟于内，再以糟团笋外，如糟鹅蛋法。大头向上，入坛，封口，泥头。入夏用之。

醉萝卜

冬细茎萝卜实心者，切作四条。线穿起，晒七分干。每斤用盐二两腌透（盐多为妙），再晒九分干，入瓶捺实，八分满。滴烧酒浇入，勿封口。数日后，卜气发臭，臭过，卜作杏黄色，甜美异常（火酒最拔盐味，盐少则一味甜，须斟酌）。臭过，用绵缕包老香糟塞瓶上更妙。

糟萝卜

好萝卜，不见水，擦净。每个截作两段。每斤用盐三两，腌过，晒干。糟一斤，加盐拌过，次入萝卜，又拌，入瓶（此方非暴吃者）。

香萝卜

萝卜切骰子块，盐腌一宿，晒干。姜、橘、椒、茴末拌匀。将好醋煎滚，浇拌入磁盆。晒干，收贮。

每卜十斤，盐八两。

种麻菇法

净麻菇、柳蛀屑等分，研匀。糯米粉蒸熟，捣和为丸，如豆子大。种背阴湿地，席盖，三日即生。

又法

榆、柳、桑、楮、槐五木作片，埋土中，浇以米泔，数日即生长二三寸色白柔脆如未开玉簪花，名“鸡腿菇”。

一种状如羊肚，里黑色、蜂窝，更佳。

竹菇

竹根所出，更鲜美。熟食无不宜者。

种木菌

朽桑木、樟木、楠木，截成尺许。腊月扫烂叶，择阴肥地，和木埋入深畦，如种菜法。入春，用米泔不时浇灌。菌出，逐日灌三次，渐大如拳。取供食。木上生者不伤人。

柳菌亦可食。

下卷

餐芳谱

凡诸花及苗及叶及根与诸野菜，佳品甚繁。采须洁净，去枯、去蛀、去虫丝，勿误食。制须得法，或煮、或烹、或熘、或炙、或腌、或炸，不一法。

凡食野芳，先办汁料。每醋一大钟，入甘草末三分、白糖一钱、熟香油半盏和成，作拌菜料头（以上甜酸之味）；或捣姜汁加入，或用芥辣（以上辣爽之味）；或好酱油、酒酿，或一味糟油（以上中和之味）；或宜椒末，或宜砂仁（以上开豁之味）；或用油炸（松脆之味）。

凡花菜采得，洗净，滚汤一焯即起，急入冷水漂片刻。取起，抟干，拌供，则色青翠不变，质脆嫩不烂，风味自佳（萱苗、莺粟苗多如此）。家菜亦有宜此法。他若炙煿作齑，不在此制。

果之属

青脆梅

青梅（必须小满前采。搥碎核，用尖竹快拨去仁。不许手犯，打拌亦然。此最要诀。一法，矾水浸一宿，取出晒干。着盐少许瓶底，封固，倒干）去仁，摊筛内，令略干。每梅三斤十二两，用生甘草末四两、盐一斤（炒，待冷）、生姜一斤四两（不见水，捣细末）、青椒三两（旋摘，晾干）、红干椒半两（拣净）一齐抄拌。仍用木匙抄入小瓶（止可藏十余盏汤料者）。先留些盐掺面，用双层油纸加绵纸紧扎瓶口。

白梅

极生大青梅，入磁钵，撒盐，用手擎钵播之（不可手犯）。日三播，腌透，取起，晒之。候干，上饭锅蒸过，再晒，是为“白梅”。若一蒸后用锤搥碎核，如一小饼，将鲜紫苏叶包好，再蒸再晒，入瓶，一层白糖一层梅，上再加紫苏叶（梅卤内浸过，蒸晒过者），再加白糖填满，封固，连瓶入饭锅再蒸数次，名曰“苏包梅”。

黄梅

肥大黄梅，蒸熟，去核。净肉一斤，炒盐三钱，干姜末一钱，半鲜紫苏叶（晒干）二两，甘草、檀香末随意，共拌入磁器，晒熟收贮。加糖点汤，夏月调冰水服，更妙。

乌梅

乌梅去仁，连核一斤、甘草四两、炒盐一两，水煎成膏。

又白糖二斤，大乌梅肉五两（用汤蒸，去涩水），桂末少许，生姜、甘草量加，捣烂入汤。

藏橄榄法

用大锡瓶瓶口可容手出入者乃佳。将青果拣不伤损者，轻轻放入瓶底（乱投下仍要伤损），用磁杯仰盖瓶上，杯内贮清水八分满。浅去常加，则青果不干亦不烂，秘诀也。

藏香橼法

用快剪子剪去梗，只留分许，以榖树汁点好，愈久而气不走，至妙诀也（点汁时勿沾皮上）。或用白果、小芋、黄腊，俱不妙。

香橼膏

刀切四缝，腐泔水浸一伏时，入清水煮熟，去核，拌白糖。多蒸几次，捣烂成膏。

藏橘

松毛包橘，入坛，三四月不干（当置水碗于坛口，如“藏橄榄法”）。

又，箓豆包橘，亦久不坏。

醉枣

拣大黑枣，用牙刷刷净，入腊酒酿浸，加烧酒一小杯，贮瓶，封固。经年不坏。空心啖数枚，佳；出路早行，尤宜；夜坐读书，亦妙。

樱桃干

大熟樱桃，去核，白糖层叠，按实磁礶。半日，倾出糖汁，砂锅煎滚，仍浇入。一日取出，铁筛上加油纸摊匀，炭火焙之，色红取下。其大者两个镶一个，小者三四个镶一个，日色晒干。

桃干

半生桃，蒸熟，去皮、核，微盐掺拌。晒过，再蒸再晒。候干，白糖叠瓶，封固。饭锅顿三四次，佳。

腌柿子

秋，柿半黄，每取百枚，盐五六两，入缸腌下。春取食，能解酒。

咸杏仁

京师甜杏仁，盐水浸拌，炒燥，佐酒甚香美。

酥杏仁

苦杏仁泡数次，去苦水，香油炸浮，用铁丝杓捞起，冷定，脆美。

桑葚

多收黑桑葚，晒干，磨末，蜜丸。每晨服六十丸，返老还童。桑葚熬膏，更妙，久贮不坏。

枸杞膏（桑葚膏同法）

多采鲜枸杞，去蒂，入净布袋内，榨取自然汁，砂锅慢熬，将成膏，加滴烧酒一小杯，收贮，经年不坏（或加炼蜜收亦可，须当日制就，如隔宿则酸）。

素蟹

新核桃，拣薄壳者，击碎，勿令散。菜油熬炒，用厚酱、白糖、砂仁、茴香、酒浆少许调和，入锅烧滚。此尼僧所传。下酒物也。

桃漉

烂熟桃，纳瓮，盖口。七日，漉去皮、核，密封。二十七日，成鲊，香美。

藏桃法

五日，煮麦面粥糊，入盐少许，候冷入瓮。取半熟鲜桃，纳满瓮内，封口。至冬月如生。

桃润

三月三日取桃花，阴干为末，至七月七日取乌鸡血和，涂面，光白，润泽如玉。

食圆眼

圆眼用针针三四眼于壳上，水煮一滚，取食，则肉满而味不走。

盐李

黄李，盐挼，去汁，晒干。去核，复晒干。用时以汤洗净，荐酒佳。

嘉庆子

朱李也。蒸熟，晒干，糖藏、蜜浸。或盐腌，晒干。皆可久。

糖杨梅

每三斤，用盐一两腌半日，重汤浸一夜。控干，入糖二斤，薄荷叶一大把，轻手拌匀，晒干收贮。

又方

腊月水，同薄荷一握、明矾少许入瓮。投浸枇杷、林檎、杨梅，颜色不变，味凉，可食。

栗子

炒栗，以指染油逐枚润，则膜不粘。

风栗，或袋或篮悬风处，常撼播之，不坏，易干。

圆眼、栗同筐贮，则圆肉润而栗易干。

熟栗，入糟糟之，下酒佳。

风干生栗，入糟糟之，更佳。

栗洗净，入锅，勿加水。用油灯草三根圈放面上，只煮一滚，久闷，甜酥易剥。

油拌一个，酱拌一个，酒浸一个，鼎足置镬底，栗香妙。

采栗时须披残其枝，明年子益盛。

糟地栗

地栗带泥封干，剥净入糟，下酒物也。

鱼之属

鱼鲊

大鱼一斤，切薄片，勿犯水，布拭净。夏月用盐一两半，冬月一两，腌食顷。沥干，用姜、橘丝、莳萝、葱、椒末拌匀，入磁礶揿实。箬盖，竹签十字架定，覆礶，控卤尽，即熟。

或用红曲、香油，似不必。

鱼饼

鲜鱼取肋，不用背，去皮、骨，净。肥猪取膘，不用精。每鱼一斤，对膘脂四两、鸡子清十二个。鱼、肉先各剁（肉内加盐少许），剁八分烂，再合剁极烂。渐加入蛋清剁匀。中间作窝，渐以凉水杯许加入（作二三次），则刀不粘而味鲜美。加水后，急剁不住手，缓则饼懈（加水、急剁，二者要诀也）。剁成，摊平。锅水勿太滚，滚即停火。划就方块，刀挑入锅。笊篱取出，入凉水盆内。斟酌汤味下之。

鲫鱼羹

鲜鲫鱼治净，滚汤焯熟。用手撕碎，去骨，净。香蕈、鲜笋切丝，椒、酒下汤。

风鱼

腊月鲤鱼或大鲫鱼，去肠，勿去鳞，治净，拭干。炒盐遍擦内外，腌四五日，用碎葱、椒、莳萝、猪油、好酒拌匀，包入鱼腹，外用皮纸包好，麻皮扎定，挂风处。用时，慢火炙熟。

去鱼腥

煮鱼用木香末少许则不腥。

洗鱼滴生油一二点则无涎。

凡香橼、橙、橘、菊花及叶，采取、搥碎洗鱼至妙。

凡鱼外腥多在腮边、鬐根、尾棱，内腥多在脊血、腮里。必须于生剖时用薄荷、胡椒、紫苏、葱、矾等末擦洗内外极净，则味鲜美。

煮鱼法

凡煮河鱼，先下水乃烧，则骨酥。江海鱼，先滚汁，次下鱼，则骨坚易吐。

炙鱼

鲚鱼新出水者，治净，炭火炙十分干，收藏。

一法，去头尾，切作段，用油炙熟。每段用箬间盛瓦罐，泥封。

暴腌糟鱼

腊月鲤鱼，治净，切大块，拭干。每斤用炒盐四两擦过，腌一宿，洗净，晾干。用好糟一斤，炒盐四两拌匀。装鱼入瓮，箬包泥封。

蒸鲥鱼

鲥鱼去肠不去鳞，用布抹血水净。花椒、砂仁、酱擂碎（加白糖、猪油同擂妙），水、酒、葱和，锡镟蒸熟。

鱼酱法

鱼一斤，碎切，洗净，炒盐三两，花椒、茴香、干姜各一钱，神曲二钱，红曲五钱，加酒和匀，入磁瓶封好，十日可用。用时加葱屑少许。

黑鱼

泡透，肉丝同炒。

干银鱼

冷水泡展，滚水一过，去头。白肉汤煮许久，入酒，加酱姜，热用。

蛏鲊

蛏一斤，盐一两，腌一伏时。再洗净，控干。布包，石压。姜、橘丝五钱，盐一钱，葱五分，椒三十粒，酒一大盏，饭糁（即炒米）一合磨粉（酒酿糟更妙），拌匀入瓶，十日可供。

鱼鲊同法。

腌虾

鲜河虾，不犯水，剪去须尾。每斤用盐五钱，腌半日，沥干。碾粗椒末洒入，椒多为妙。每斤加盐二两拌匀，装入坛。每斤再加盐一两于面上，封好。用时取出，加好酒浸半日，可食。如不用，经年色青不变。但见酒则化，速而易红，败也。

一方：纯用酒浸数日，酒味淡则换酒。用极醇酒乃妙。用加酱油。冬月醉下，久留不败。忌见火。

脚鱼

同肉汤煮。加肥鸡块同煮，更妙。

水鸡腊

肥水鸡，只取两腿。用椒、料酒、酱和浓汁浸半日，炭火缓炙干。再蘸汁，再炙。汁尽，抹熟油再炙，以熟透发松为度。烘干，瓶贮，久供。色黄勿焦为妙。

臊子蛤蜊

水煮去壳。切猪肉（精肥各半）作小骰子块，酒拌，炒半熟。次下椒、葱、砂仁末、盐、醋和匀，入蛤蜊同炒一转。取前煮蛤蜊原汤澄清，烹入（不可太多），滚过取供。

加韭芽、笋、茭白丝拌炒更妙（略与炒腰子同法）。

醉虾

鲜虾拣净，入瓶。椒、姜末拌匀。用好酒顿滚，泼过。食时加盐酱。

又，将虾入滚水一焯，用盐撒上拌匀，加酒取供。入糟，即为糟虾。

酒鱼

冬月大鱼，切大片。盐挐，晒微干。入坛，滴烧酒，灌满，泥口。来岁三四月取用。

虾松

虾米拣净，温水泡开。下锅微煮，取起。盐少许，酱并油各半，拌浸，用蒸笼蒸过，入姜汁并加些醋（恐咸，可不必用盐）。虾小微蒸，虾大多蒸，以入口虚松为度。

淡菜

淡菜极大者水洗，剔净，蒸过，酒酿糟下，妙。

一法：治净，用酒酿、酱油停对，量入熟猪油、椒末，蒸三炷香。

土蛈

白浆酒换泡，去盐味。换入酒浆，加白糖，妙。

要无沙而大者。

酱鳆鱼

白水泡煮，去皱皮。用酱油、酒浆、茴香煮用。

又法：治净，煮过。用好豆腐切骰子大块，炒熟，乘热撒入鳆鱼，拌匀，酒酿一烹，脆美。

海参

海参烂煮固佳，糟食亦妙，拌酱炙肉未为不可。只要泡洗极净，兼要火候。

照“鳆酱”法，亦佳。

虾米粉

虾米不论大小，色白明透者味鲜。若多一分红色，即多一分腥气。取明白虾米，烘燥，研细粉，收贮。入蛋腐，及各种煎炒煮会细馔加入，极妙。

鲞粉

宁波淡白鲞（真黄鱼一日晒干者），洗净，切块，蒸熟。剥肉，细锉，取骨，酥炙，焙燥，研粉，如虾粉用（其咸味黄枯鲞不堪用）。

薰鲫

鲜鲫治极净，拭干。用甜酱酱过一宿，去酱，净油烹。微晾，茴、椒末揩匀，柏枝薰之。

紫蔗皮、荔壳、松壳碎末薰，更妙。

不拘鲜鱼，切小方块，同法亦佳。

凡鲜鱼治净，酱过，上笼蒸熟，薰之皆妙。

又，鲜鱼入好肉汤煮熟，微晾，椒、茴末擦，薰，妙。

海蜇

海蜇洗净，拌豆腐煮，则涩味尽而柔脆。

切小块，酒酿、酱油、花椒醉之，妙。糟油拌亦佳。

鲈鱼脍

吴郡八九月霜下时，收鲈三尺以下，劈作鲙，水浸，布包沥水尽，散置盆内。取香柔花叶，相间细切，和脍拌匀。霜鲈肉白如雪，且不作腥，谓之“金齑玉鲙，东南佳味”。

蟹

酱蟹、糟蟹、醉蟹精秘妙诀

制蟹要决有三：其一，雌不犯雄，雄不犯雌，则久不沙；其一，酒不犯酱，酱不犯酒，则久不沙（酒、酱合用，止供旦夕）；其一，必须全活，螯足无伤。

忌嫩蟹。忌火照。或云：制时逐个火照过，则又不沙。

上品酱蟹

大坛内闷酱，味厚而甜。取活蟹，每个用麻丝缠定，以手捞酱，搪蟹如泥团。装入坛，封固。两月开，脐壳易脱，可供。如剥之难开，则未也，再候之。

此法酱厚而凝密，且一蟹自为一蟹，又止吸甜酱精华，风味超妙殊绝（食时用酒洗酱，酱仍可用）。

糟蟹（用酒浆糟，味虽美，不耐久）

三十团脐不用尖，老糟斤半半斤盐。好醋半斤斤半酒，八朝直吃到明年。

蟹脐内每个入糟一撮。坛底铺糟一层，再一层蟹，一层糟灌满，包口。即大尖脐，如法糟用亦妙。须十月大雄乃佳。

蟹大，量加盐糟。

糟蟹坛上用皂角半锭，可久留。

蟹必用麻丝扎。

醉蟹

寻常醉法：每蟹用椒盐一撮入脐，反纳坛内，用好酒浇下，与蟹平（略满亦可），再加椒粒一撮于上。每日将坛斜侧转动一次，半月可供。用酒者断不宜用酱。

煮蟹（倪云林法）

用姜、紫苏、橘皮、盐同煮。才大沸便翻，再一大沸便啖。凡旋煮旋啖，则热而妙。啖已再煮。捣橙虀、醋供。

孟诜《食潦本草》云：蟹虽消食，治胃气、理经络，然腹中有毒，中之或致死。急取大黄、紫苏、冬瓜汁解之。又云：蟹目相向者不可食。又云：以盐渍之，甚有佳味。沃以苦酒，通利支节。又云：不可与柿子同食。发霍泻。

陶隐居云：蟹未被霜者，甚有毒，以其食水茛（音建）也。人或中之，不即疗则多死。至八月，腹内有稻芒，食之无毒。

《混俗颐生论》云：凡人常膳之间，猪无筋，鱼无气，鸡无髓，蟹无腹，皆物之禀气不足者，不可多食。

凡熟蟹劈开，于正中央红盃外黑白翳内有蟹鳖，厚薄大小同瓜仁相似，尖棱六出，须将蟹爪挑开，取出为佳。食之腹痛，盖蟹毒全在此物也。

蒸蟹

蟹浸多水，煮则减味。法：用稻草挞软，挽匾髻，入锅，水平草面，置蟹草上蒸之，味足。

山药、百合、羊眼豆等，俱用此法。

禽之属

鸭羹

肥鸭煮七分熟，细切骰子块，仍入原汤，下香料、酒、酱、笋、蕈之类，再加配松仁，剥白核桃更宜。

鸡鲊

肥鸡细切，每五斤入盐三两、酒一大壶，腌过宿。去卤，加葱丝五两，橘丝四两，花椒末半两，莳萝、茴香、马芹各少许，红曲末一合，酒半斤，拌匀，入坛按实，箬封。

猪、羊、精肉皆同法。

鸡醢

肥鸡白水煮半熟，细切。用香糟、豆粉调原汁，加酱油凋和烹熟。

鹅、鸭、鱼同法制。

鸡豆

肥鸡去骨剁碎，入锅，油炒，烹酒、撒盐、加水后，下豆，加茴香、花椒、桂皮同煮至干。每大鸡一只，豆二升。

“肉豆”同法。

鸡松

鸡用黄酒、大小茴香、葱、椒、盐、水煮熟。去皮、骨，焙干。擂极碎，油拌，焙干收贮。

肉、鱼、牛等松同法。

蒸鸡

嫩鸡治净，用盐、酱、葱、椒、茴香等末匀擦，腌半日，入锡镟蒸一炷香。取出，斯碎，去骨，酌量加调滋味。再蒸一炷香，味甚香美。

鹅、鸭、猪、羊同法。

炉焙鸡

肥鸡，水煮八分熟，去骨，切小块。锅内熬油略炒，以盆盖定。另锅，极热酒、醋、酱油，相半香料并盐少许烹之。候干，再烹。如此数次，候极酥极干，取起。

煮老鸡

猪胰一具，切碎，同煮，以盆盖之，不得揭开。约法为度，则肉软而佳（鹅、鸭同）。或用樱桃叶数片（老鹅同），或用饧糖两三块，或山查数枚，皆易酥（鹅同）。

饨鸭

肥鸭治净，去水气尽。用大葱斤许，洗净，摘去葱尖，搓碎，以大半入鸭腹，以小半铺锅底。酱油一大碗、酒一中碗、醋一小杯，量加水和匀，入锅。其汁须灌入鸭腹，外浸起，与鸭平（稍浮亦可）。上铺葱一层，核桃四枚，击缝勿令散，排列葱上，勿没汁内。大钵覆之，绵纸封锅口。文武火煮三次，极烂为度。葱亦极美（即“葱烧鸭”）。鸡、鹅同法。但鹅须加大料，绵缕包料入锅。

让鸭

鸭治净，胁下取孔，将肠杂取尽，再加治净。精制猪油饼子剂入满，外用茴、椒、大料涂满。箬片包扎固，入锅，钵覆。同“饨鸭”法饨熟。

坛鹅

鹅煮半熟，细切。用姜、椒、茴香诸料装入小口坛内。一层肉，一层料，层层按实。箬叶扎口极紧，入滚水煮烂。破坛，切食。

猪蹄及鸡同法。

封鹅

鹅治净，内外抹香油一层。用茴香、大料及葱实腹，外用长葱裹缠，入锡礶盖住。礶高锅内，则覆以大盆或铁锅。重汤煮。俟箸扎入透底为度。鹅入礶，通不用汁。自然上升之气，味凝重而美。吃时再加糟油，或酱醋随意。

制黄雀法

肥黄雀，去毛、眼净。令十许岁童婢以小指从尻挖雀腹中物尽（雀肺若聚得碗许，用酒漂净，配笋芽、嫩姜、美料、酒、酱烹之，真佳味也。入豆豉亦妙），用淡盐酒灌入雀腹，洗过，沥净。一面取猪板油，剥去筋膜，捶极烂，入白糖、花椒、砂仁细末、飞盐少许，斟酌调和。每雀腹中装入一二匙，将雀入磁钵，以尻向上，密比藏好；一面备腊酒酿、甜酱、油、葱、椒、砂仁、茴香各粗末，调和成味。先将好菜油热锅熬沸，次入诸味煎滚，舀起，泼入钵内，急以磁盆覆之。候冷，另用一钵，将雀搬入，上层在下，下层在上，仍前装好。取原汁入锅，再煎滚，舀起，泼入，盖好。候冷，再如前法泼一遍，则雀不走油而味透。将雀装入小坛，仍以原汁灌入，包好。若即欲供食，取一小瓶，重汤煮一顷，可食。如欲久留，则先时止须泼两次。临时用重汤煮数刻便好。雀卤留顿蛋或炒鸡脯，用少许，妙绝。

卵之属

百日内糟鹅蛋

新酿三白酒，初发浆，用麻线络着鹅蛋，挂竹棍上，横挣酒缸口，浸蛋入酒浆内。隔日一看，蛋壳碎裂，如细哥窑纹。取起，抹去碎壳，勿损内衣。预制酒酿糟，多加盐拌匀，以糟搪蛋上，厚倍之，入坛。一大坛可糟二十枚。两月余可供（初出三白浆时，若触破蛋汁，勿轻尝。尝之辣甚，舌肿。酒酿糟后，拔去辣味，沁入甜味，佳）。

酱煨蛋

鸡、鸭蛋煮六分熟，用箸击壳细碎，甜酱搀水，桂皮、川椒、茴香、葱白一齐下锅，煮半个时辰，浇烧酒一杯。

鸡、鸭蛋同金华火腿煮熟，取出，细敲碎皮，入原汁再煮一二炷香，味甚鲜美。

剥去壳，薰之，更妙。

蛋腐

凡顿鸡蛋须用一双箸打数百转方妙。勿用水，只以酒浆、酱油及提清鲜汁或酱烧肉美汁调和代水，则味自妙。

入香蕈、虾米、鲜笋诸粉，更妙。

顿时，架起碗底，底入水止三四分。上盖浅盆，则不作蜂窠。

食鱼子法

鲤鱼子，剥去血膜，用淡水加酒漂过，生绢沥干，置砂钵，入鸡蛋黄数枚（同白用亦可）。用锤擂碎，不辨颗粒为度（加入虾米、香蕈粉，妙）。胡椒、花椒、葱、姜研末，浸酒，再研，澄去料渣，入酱油、飞盐少许，斟酌洒、酱咸淡、多少，拌匀，入锡镟蒸熟，取起，刀划方块。味淡，量加酱油抹上，次以熬熟香油抹上。如已得味，止抹熟油。松毬、荔子壳为末薰之。

蒸熟后煎用，亦妙。

皮蛋

鸡蛋百枚，用盐十两。先以浓茶泼盐成卤，将木炭灰一半，荞麦秸灰、柏枝灰共一半和成泥，糊各蛋上。一月可用。清明日做者佳。

鸭蛋秋冬日佳，以其无空头也。夏月蛋总不堪用。

腌蛋

先以冷水浸蛋一二日。每蛋一百，用盐六、七合，调泥，糊蛋入缸。大头向上。天阴易透，天晴稍迟。远行用灰盐，取其轻也。

腌蛋下盐分两：鸡蛋每百用盐二斤半，鹅蛋每百盐六斤四两，鸭蛋每百用盐三斤十二两。

肉之属

蒸腊肉

腊猪肘洗净，煮过，换水又煮，又换，凡数次。至极净、极淡，入深锡镟，加酒浆、酱油、花椒、茴香、长葱蒸熟。陈肉而别有鲜味，故佳。蒸后易至还性，再蒸一过，则味定。

凡用椒、茴，须极细末，量入。否则，止用整粒，绵缕包，候足，取出。最忌粗屑。

煮陈腊肉，油哮气者，将熟，以烧红炭数块淬入锅内，则不油蓨气。

金华火腿

用银簪透入内，取出，簪头有香气者真。

腌法：每腿一斤，用炒盐一两（或八钱）。草鞋搥软，套手（恐热手着肉，则易败）。止擦皮上，凡三五次，软如绵。看里面精肉盐水透出如珠为度，则用椒末揉之，入缸，加竹栅，压以石。旬日后，次第翻三五次，取出，用稻草灰层叠叠之。候干，挂厨近烟处，松柴烟薰之，故佳。

腊肉

肉十斤，切作二十块。盐八两、好酒二斤，和匀，擦肉，令如绵软。大石压十分干。剩下盐、酒调糟涂肉，篾穿，挂风处。妙。

又法：肉十斤。盐二十两，煎汤，澄去泥沙，置肉于中。二十日取出，挂风处。

一法：夏月腌肉，须切小块，每块约四两。炒盐洒上，勿用手擦，但擎钵颠簸，软为度。石压之，去盐水，干。挂风处。

一法：腌就小块肉，浸菜油坛内，随时取用。不臭不虫，经月如故。油仍无碍。

一法：腊腿腌就，压干，挂土穴内，松柏叶或竹叶烧烟薰之。两月后，烟火气退，肉香妙。

千里脯

牛、羊、猪、鹿等同法。去脂膜净，止用极精肉。米泔浸洗极净，拭干。每斤用醇酒二盏，醋比酒十分之三。好酱油一盏，茴香、椒末各一钱，拌一宿。文武火煮，干，取起，炭火慢炙，或用晒。堪久。尝之味淡，再涂涂酱油炙之。或不用酱油，止用飞盐四五钱。然终不及酱油之妙。并不用香油。

牛脯

牛肉十斤，每斤切四块。用葱一大把，去尖，铺锅底，加肉于上（肉隔葱则不焦，且解膻）。椒末二两、黄酒十瓶、清酱二碗、盐二斤（疑误。酌用可也)，加水，高肉上四五寸，覆以砂盆，慢火煮至汁干取出。腊月制，可久。再加醋一小杯。

兔脯同法，加胡椒、姜。

鲞肉

宁波上好淡白鲞，寸锉，同精肉炙干，上篓。长路可带。

肉饼子

精猪肉，去净筋膜，勿带骨屑，细切，剁如泥。渐剁，加水，并砂仁末、葱屑，量入酒浆、酱油和匀，做成饼子。入磁碗，上覆小碗，饭锅蒸透熟，取入汁汤，则不走味，味足而松嫩。如不做饼，只将肉剂用竹箬浸软包数层，扎好，置酒饭甑内。初，湿米上甑时，即置米中间，蒸透取出。第二，甑饭，再入蒸之，味足而香美。或再切片，油煎，亦妙。

套肠

猪小肠肥美者，治净，用两条套为一条，入肉汁煮熟。斜切寸断，伴以鲜笋、香蕈汁汤煮供，风味绝佳，以香蕈汁多为妙。

煮熟，腊酒糟糟用，亦妙。

骑马肠

猪小肠，精制肉饼生剂，多加姜、椒末，或纯用砂仁末。装入肠内，两头扎好，肉汤煮熟。或糟用，或下汤，俱妙。

川猪头

猪头治净，水煮熟，剔骨，切条，用砂糖、花椒、砂仁、橘皮、好酱拌匀，重汤煮极烂。包扎，石压。糟用。

小暴腌肉

猪肉切半斤大块，用炒盐，以天气寒热增减椒、茴等料，并香油，揉软。置阴处晾着，听用。

煮猪肚肺

肚肺最忌油。油爆纵熟不酥，惟用白水、盐、酒煮。

煮肚略投白矾少许，紧小堪用。

煮猪肚

治肚须极净。其一头如脐处，中有积物，要挤去，漂净，不气。盐、水、白酒煮熟。预铺稻草灰于地，厚一二寸许，取肚乘热置灰上，瓦盆覆紧。隔，肚厚加倍。入美汁再煮烂。

一法：以纸铺地，将熟肚放上，用好醋喷上，用钵盖上。候一二时取食，肉厚而松美。

肚脏用沙糖擦，不气。

肺羹

猪肺治净，白水漂浸数次。血水净，用白水、盐、酒、葱、椒煮，将熟，剥去外衣，除肺管及诸细管，加松仁，鲜笋切骰子块，香蕈细切，入美汁煮。佳味也。

夏月煮肉停久

每肉五斤，用胡荽子一合，酒、醋各一升，盐三两，葱、椒，慢火煮，肉佳。置透风处。

一方：单用醋煮，可留十日。

爨猪肉

精肉切片，干粉揉过，葱、姜、酱油、好酒同拌，入滚汁爨（cuàn）。出，再加姜汁。

肉丸

纯用猪肉肥膘，同干粉、山药为丸，蒸熟，或再煎。

骰子块（陈眉公方）

猪肥膘，切骰子块。鲜薄荷叶铺甑底，肉铺叶上，再盖以薄荷叶，笼好，蒸透。白糖、椒、盐掺滚。畏肥者食之，亦不油气。

肉生法

精肉切薄片，用酱油洗净，猛火入锅爆炒，去血水，色白为佳。取出，细切丝，加酱瓜丝、橘皮丝、砂仁、椒末沸熟，香油拌之。临食，加些醋和匀，甚美。鲜笋丝、芹菜焯熟同拌，更妙。

炒腰子

腰子切片，背界花纹，淡酒浸少顷，入滚水微焯，沥起，入油锅爆炒。加葱花、椒末、姜屑、酱油、酒及些醋烹之，再入韭芽、笋丝、芹菜，俱妙。

腰子煮熟，用酒酿糟糟之，亦妙。

炒羊肚

羊肚治净，切条。一边滚汤锅，一边热油锅。将肚用笊篱入汤锅一焯即起，用布包纽干，急落油锅内炒。将熟，如“炒腰子”法加香料，一烹即起，脆美可食。久恐坚韧。

夏月冻蹄膏

猪蹄治净，煮熟，去骨，细切。加化就石花一二杯，入香料，再煮烂。入小口瓶内，油纸包扎，挂井内，隔宿破瓶取用（北方有冰可用，不必挂井内）。

合鲊

肉去皮切片，煮烂。又鲜鱼煮，去骨，切块。二味合入肉汤，加椒末各料调和（北方人加豆粉）。

柳叶鲊

精肉二斤，去筋膜，生用。又肉皮三斤，滚水焯过，俱切薄片。入炒盐二两、炒米粉少许（多则酸）拌匀，箬叶包紧。每饼四两重。冬月灰火焙三日用，夏天一周时可供。

酱肉

猪肉治净，每斤切四块，用盐擦过。少停，去盐，布拭干，埋入甜酱。春秋二三日，冬六七日取起。去酱，入锡罐，加葱、椒、酒，不用水，封盖。隔汤慢火煮烂。

造肉酱法

精肉四斤，勿见水，去筋膜，切碎，剁细。甜酱一斤半，飞盐四两，葱白细切一碗，川椒、茴香、砂仁、陈皮为末，各五钱。用好酒合拌如稠粥，入坛封固。烈日中晒十余日，开看，干加酒，淡加盐，再晒。

腊月制为妙。若夏月，须新宰好肉，众手速成，加腊酒酿一钟。

灌肚

猪肚及小肠治净。甩晒干香蕈磨粉，拌小肠，装入肚内，缝口。入肉汁内煮极烂。

又：肚内入莲肉、百合、白糯米，亦佳。

薏米有心，硬，次之。

煮羊肉

羊肉，热汤下锅，水与肉平。核桃五六枚，击碎，勿散开，排列肉上，则膻气俱收入桃内。滚过，换水，调和。

煮老羊肉同瓦片及二桑叶煮，易烂。

蒸羊肉

肥羊治净，切大块，椒盐擦遍，抖净。击碎核桃数枚，放入肉内外。外用桑叶包一层，又用搥软稻草包紧，入木甑按实，再加核桃数枚于上，密盖，蒸极透。

蒸猪头

猪头去五臊，治极净，去骨。每一斤用酒五两，酱油一两六钱，飞盐二钱，葱、椒、桂皮量加。先用瓦片磨光，如冰纹，凑满锅内，然后下肉，令肉不近铁。绵纸密封锅口，干则拖水。烧用独材缓火（瓦片先用肉汤煮过。用之愈久愈妙）。

兔生

兔去骨，切小块，米泔浸，捏洗净。再用酒脚浸洗，漂净，沥干。用大小茴香、胡椒、花椒、葱花、油、酒，加醋少许，入锅烧滚，下肉，熟用。

熊掌

带毛者，挖地作坑，入石灰及半，放掌于内，上加石灰，凉水浇之。候发过，停冷，取起，则毛易去，根即出。洗净，米泔浸一二日。用猪油包煮，复去油。斯条，猪肉同顿。

一云：熊掌最难熟透。不透者食之发胀。加椒盐末和面裹，饭锅上蒸十余次乃可食。或取数条同猪肉煮，则肉味鲜而厚。留掌条勿食，俟煮肉仍伴入，伴煮十数次，乃食。留久不坏。

鹿鞭（即鹿阳）

泔水浸一二日，洗净，葱、椒、盐、酒密器顿食。

鹿尾

面裹，慢炙，熟为度。

“鹿髓”同法。面焦屡换，膻去为度。

小炒瓜虀

酱瓜、生姜、葱白、鲜笋（或淡笋干）、茭白、虾米、鸡胸肉各停，切细丝，香油炒供。诸杂品腥素皆可配，只要得味。

肉丝亦妙。

提清汁法

好猪肉、鲜鱼、鹅、鸭、鸡汁，用生虾捣烂和厚酱（酱油提汁不清），入汁内。一边烧火，令锅内一边滚，泛末掠去。下虾酱三四次，无一点浮油，方笊出虾渣，澄定为度。如无鲜虾，打入鸡蛋一两个，再滚，捞去沫，亦可清。

香之属

香料

官桂、陈皮、鲜橘皮、橙皮、良姜、干姜、生姜、姜汁、姜粉、胡椒、砂仁、川椒、花椒、地椒、辣椒、小茴、大茴、草果、荜拨、甘草、肉豆蔻、白芷、桂皮、红曲、神曲、甘松、草豆蔻、檀香。

凡烹调用香料，或以去腥，或以增味，各有所宜。用不得宜，反增拗味，不如清真淡致为佳也。

白糖、黑沙糖、紫苏、葱、元荽、莳萝、蒜、韭。

大料

大小茴香、官桂、陈皮、花椒、肉豆蔻、草豆蔻、良姜、干姜、草果（各五钱），红豆、甘草（各少许），各研极细末，拌匀，加入豆豉二合，甚美。

减用大料

马芹（即元荽）、荜拨、小茴香，更有干姜、官桂良，再得莳萝二椒共，水丸弹子任君尝。

素料

二椒配着炙干姜，甘草莳萝八角香，马芹杏仁俱等分，倍加榧肉更为强。

牡丹油

取鲜嫩牡丹瓣，逐瓣放开（叠则征滑），阴干（日晒气走），不必太燥。

陆续看八分干，即陆续入油（须好菜油）。油不必多，匀浸花为度。封坛，日晒，过三伏，去花滓，埋土七日（加紫草少许，色更可观），取供闺中泽发。

用擦久枯犀杯立润。

七月澡头

七月采瓜犀。

面、脂、瓜瓤亦可作澡头。

冬瓜内白瓤澡面，去雀班。

悦泽玉容丹

杨皮二两（去青留白）、桃花瓣四两（阴干）、瓜仁五两（油者不用），共为末。食后白汤服下，一日三服。欲白加瓜仁，欲红加桃花。一月面白，五旬手足俱白。

一方：有橘皮无杨皮。

种植

麻麦相为。候麻黄艺麦，麦黄艺麻。

禾生于枣，黍生于榆，大豆生于槐，小豆生于李，麻生于荆，大麦生于杏，小麦生于杨柳。

凡栽艺各趋其时。刺鸡口，槐兔目，桑蛙眼，榆负瘤，杂木鼠耳。栗种而不栽，柰也、林檎也，栽而不种。茶茗移植则不生，杏移植则六年不遂。

黄杨

世重黄杨，以其无火。或曰：以水试之，沉则无火（老也）。取此木，必于阴晦夜无一星则伐之。为枕不裂，为梳不积垢（《埤雅》）。梧桐每边六叶。从下数，一月为一叶，闰月则十三叶。视叶小者，即知闰何月（《月令广义》）。宋人《闰月表》：梧桐之叶十三，黄杨之厄一寸（黄杨一年长一寸，闰年退一寸）。

附录：汪拂云抄本

煮火腿

火腿生切片，不用皮、骨，合汁生煮。或冬笋、韭芽、青菜梗心。用蛤蜊汁更佳。如无，即茭白、麻菇亦佳。略入酒浆、酱油。

又

陈金腿约六斤者，切去脚，分作两方正块。洗净，入锅，煮去油腻，收起。复将清水煮极烂为度。临起，仍用笋、虾作点，名“东坡腿”。

熟火腿

火腿煮熟，去皮、骨，切骰子块。用酒浆、葱末、鲜笋(或笋干)、核桃肉、嫩茭白，切小块，隔汤顿一炷香。若嫌淡，略加酱油。

糟火腿

将火腿煮熟，切方块，用好酒酿糟糟两三日。切片取供，妙。夏天出路最宜。

又

将火腿生切骰子块，拌烧酒，浸一宿。后将腊糟同花椒、陈皮拌入坛。冬做夏开。临吃，连糟煅用。即风鱼及上好腌鱼、肉，亦可如此做。坛口加麻油，封固。

辣拌法

熟火腿拆细丝，同鱼翅、笋丝、芥辣拌。或加水粉、莲肉、核桃俱可。

炖豆豉

鲜肉煮熟，切骰子块，同豆豉四分拌匀，再用笋块、核桃、香蕈等配入煮，隔汤顿用，佳。

煮熏腫蹄

将清水煮去油烟气，再用鲜肉汤煮极烂为度。鲜笋、山药等俱可配入。

笋幢

拣大鲜笋，用刀搅空笋节。切肉饼，加盐、砂仁拌匀，填入笋内，用竹片插口。放锅内，糖、酱、砂仁烧透，切段。用虾肉更妙，鸡亦可。

酱蹄

十一月中，取三斤重猪腿，先将盐腌三、四日。取出，用好酱涂满，以石压之。隔三、四日翻一转。约酱二十日，取出，揩净，挂有风无日处。两月可供。洗净，蒸熟，俟冷，切片用。

肉羹

用三精三肥肉，煮熟，切小块，入核桃、鲜笋、松仁等，临起锅，加白面或藕粉少许。

辣汤丝

熟肉，切细丝，入麻菇、鲜笋、海蜇等丝同煮。临起，多浇芥辣。亦可用水粉。

冻肉

用蹄爪，煮极烂（去骨），加石花菜少许，盛磁钵。夏天挂井中，俟冻。取起，糟油蘸用，佳。

百果蹄

用大蹄，煮半熟，勒开，挖去直骨，填核桃、松仁及零星皮、筋。外用线扎。再煮极烂，捞起。俟冻，连皮糟一日夜。切片用。

琥珀肉

将好肉切方块，用水、酒各碗半，盐三钱，火煨极红烂为度。肉以二斤为率。

须用三白酒。若白酒正，不用水。

蹄卷

腌、鲜蹄各半。俟半熟，去骨，合卷，麻线扎紧。煮极烂，冷，切用。

夹肚

用壮肚，洗净。将碎肉加盐、葱、砂仁，略加蛋青，缝口，煮熟。上下夹板，渐夹渐压，以实为妙。俟冷，切片，或酱油或糟油蘸用。

花肠

小肠煮半熟，取起，缠绞成段。仍煮，熟，俟冷，切片，和汤用。

脊筋

生剥外膜，肉汤煮。加以虾肉、鸭肉亦可。

肺管

剥、刮极净，煮熟，切段，和以紫菜、冬笋。入酒浆、韭芽为妙。

羊头羹

多买羊头，剥皮，煮烂。加酒浆、酱油、笋片、香蕈或时菜等件。酱油不可太多。虾肉和入更妙。临起，量加姜丝。

羊脯

用精多肥少者，以甜酱油同酒浆加白糖、茴香、砂仁，慢火烧，汁干为度。

羊肚

熟羊肚切细丝，同笋丝煮。加燕窝、韭芽等件。盛上碗时，加芥辣，以辣多为妙。略加姜丝，亦可。

煨羊

切大块，水、酒各半，入坛。砻糠火煨极烂，取出。复去原汁，换鲜肉汤，慢火重煮。随意加和头，绝无膻气。

鹿肉

切半斤许大，漂四五日（每日换水），同肥猪肉和烧极烂。须多用酒、茴香、椒料。以不干不湿为度。

又

切小薄片，用汤，随用和头。味肥脆。

又

每肉十斤，治净，用菜油炒过，再用酒、水各半、酱斤半、桂皮五两，煮干为度。临起，用黑糖、醋各五两，再炙干，加茴香、椒料。

鹿鞭

泡洗极净，切段，同腊肉煮。不拘蛤蛎、麻菇，皆可拌，但汁不宜太浓。酒浆、酱油须斟酌下。

鹿筋

辽东为上，河南次之。先用铁器锤打，然后洗净，煮软，捞起。剥尽衣膜及黄色皮脚，切段，净煮。筋有老嫩不一，嫩者易烂，即先取出；老者再煮，煮熟。量加酒浆、和头用。

熊掌

水泡一日夜，下磁罐顿一日夜，取出，洗刮极净，同腊肉或猪蹄爪煮极烂，入酒浆、香料、和头随用。

兔

烧脯与“鹿肉”同法。但兔肉纯血，不可多洗，洗多则化。

野鸡

脯、汤俱同烧“鹿肉”法。

肉幢鸡

用碗头嫩鸡，将碎肉加料填寔，缝好。用酒浆、酱油烧透。海参、虾肉俱可作和头。

椎鸡

嫩鸡剥皮，将肉切薄片，上下用真粉搽匀，将搥轻打，以薄为度。逐片摊开，同皮、骨入清水煮熟，拣去筋、骨，和头随用。

辣煮鸡

熟鸡拆细丝，同海参、海蜇煮。临起，以芥辣冲入。和头随用。麻油冷拌，亦佳。

顿鸡

腊月，将肥嫩鸡切块，用椒盐少许拌匀，入磁瓶内。如遇佳客或燕赏，取出，平放锡镟内，加猪板油及白糖、酒酿、酱油、葱花顿熟。味甘而美。

醋焙鸡

将鸡煮八分熟，剁小块，熬熟油略炒，以醋、酒各半，盐少许烹下，将碗盖。候干，再烹。酥熟取用。

海蛳鸭

大葱二根，先放入鸭肚内。以熟大海蛳填极满，缝好。多用酒浆，烧极熟，整装碗内。如无海蛳，纯葱亦可(想螺蛳亦佳)。

鹌鹑

以肉幢、酱油、酒浆生烧为第一，次用酒浆顿。必须猪油、白糖、花椒、葱等。

秋鸟、黄雀、麻雀诸鸟，皆同此法。

肉幢蛋

拣小鸡子，煮半熟，打一眼，将黄倒出，以碎肉加料补之。蒸极老，和头随用。

卷煎

将蛋摊皮，以碎肉加料卷好，仍用蛋糊口。猪油、白糖、甜酱和烧。切片用。

皮蛋

鸭蛋一百个，用浓滚茶少少泡顷，再用柴灰一斗、石灰四两、盐二两和水拌匀，涂蛋上，暴日晒干。再将砻糠拌，贮大坛内。过一月，即可取供。久愈妙。

腌蛋

清明前，用真烧酒洗蛋，以飞盐为衣，上坛。过四、五日，即翻转。如此四、五次。月余即可用。省灰而且易洗也。

糟鲥鱼

内外洗净，切大块。每鱼一斤，用盐半斤，以大石压极实。以白酒洗淡，以老酒糟略糟四、五日，不可见水。去旧糟，用上好酒糟拌匀，入坛。每坛面加麻油二钟、火酒一钟，泥封固，候二、三月用。

淡煎鲥鱼

切段，用些须盐花、猪油煎，将熟，入酒浆，煮干为度。不必去鳞。糟油蘸，佳。

冷鲟鱼

切骰子块，煮熟。冬笋切块，入酒浆，略加白糖。候冷用。暑天切片，麻油拌，亦佳。必须蜇皮，更妙。

黄鱼

治净，切小段。用甜白酒煮，略加酱油、胡椒、葱花。最鲜美。

风鲫

冬月，觅大卿鱼，去肠，勿见水，拭干，入碎肉。通身用绵纸裹好，挂有风无日处。过二、三月取下，洗净，涂酒，令略软。蒸熟，候冷，切片

用。味最佳。

去骨鲫

大鲜鲫鱼，清水煮熟。轻轻拆作五、六块，拣去大小骨，仍用原汤，澄清，加笋片、韭芽或菜心，略入酒浆、盐，煮用。

斑鱼

拣不束腰者（束腰有毒），剥去皮杂，洗净。先将肺同木花入清水，浸半日，与鱼同煮。后以菜油盛碗内，放锅中，任其沸涌，方不腥气。临起，或入嫩腐、笋边、时菜，再捣鲜姜汁、酒浆和入，尤佳。

顿鲟鱼

取鲟鱼二斤许大一方块（不必切开），入酒酿、酱油、香料、椒、盐，炖极烂。味最佳。

鱼肉膏

上好腌肉，煮烂，切小块。将鱼亦碎切，同煮极烂。和头随用。候冷，切供。热用亦可。

炖鲂鲏

拣大者，治极净，填碎肉在内，酒浆炖。加碎猪油，妙。

薰鱼

鲜鱼切段，酱油浸大半日。油煎，候冷，上铁筛，架锅，以木屑薰干，贮用。将好醋涂薰，尤妙（大小鱼俱可）。

薰马鲛

酱半日，洗净，切片，油煎，候冷，薰干。入灰坛内，可留经月。

鱼松

青鱼切段，酱油浸大半日，取起，油煎。候冷，剥去皮、骨，单取白肉，拆碎入锅。慢火焙炒，不时挑拨，切勿停手，以成极碎丝为度。总要松、细、白三件俱全为妙。候冷，再细拣去芒刺、丝骨，加入姜、椒末少许，收贮随用。

蒸鲞

淡鲞十斤，去头尾，切段，洗净，晒极干，将烧酒拌过。白糯米五升，烧饭。火酒二斤，白糖二斤，猪油二斤，去膜切碎，花椒四两，加红曲少许，拌如薄粥样。如干，再加煮酒。用磁瓶，先放饭一层，次放鱼一层，后再放前各料一层，装入。瓶底、面各用飞盐一撮，泥封好。俟一月后可用。

燕窝蟹

壮蟹，肉剥净，拌燕窝，和芥辣用，佳。糟油亦可。

蟹腐放燕窝，尤妙。蟹肉豆豉炒，亦妙。

蟹酱

带壳剁骰子块。略拌盐，顿滚，加酒浆、茴香末冲入。候冷，入麻油，略加椒末，半日即可用。酒、油须恰好为妙。

蟹丸

将竹截断，长寸许。剥蟹肉，和以姜末、蛋青，入竹。蒸熟，取出，同汤放下。

蟹顿蛋

凡蟹顿蛋，肉必沉下。须先将零星肉和蛋顿半碗，再将大蟹肉、黄脂另和蛋，盖面重顿，为得法也。

黄甲

蒸熟，以姜、醋拌用。

又法

以鲳、鳜鱼、黄鱼肉拆碎，以腌蛋黄和，入姜、醋拌匀用。味比真黄甲更妙。

虾元

暑天冷拌，必须切极碎地栗在内，松而且脆。若干装，以松仁、桃仁作馅，外用鱼松为衣，更佳。

鳆鱼

清水洗，浸一日夜，以极嫩为度。切薄片，入冬笋、韭芽、酒浆、猪油炒。或笋干、腌苔心、苣笋、麻油拌用，亦佳。

海参

浸软，煮熟，切片，入腌菜、笋片、猪油炒用，佳。

或煮极烂，隔绢糟，切用。

或煮烂，芥辣拌用，亦妙。

切片入脚鱼内，更妙。

鱼翅

治净，煮，切。不可单拆丝，须带肉为妙；亦不可太小。和头、鸡、鸭随用。汤宜清不宜浓，宜酒浆不宜酱油。

又

如法治净，拆丝，同肉、鸡丝、酒酿、酱油拌用，佳。

淡菜

冷水浸一日，去毛、沙丁，洗净。加肉丝、冬笋、酒浆煮用。同虾肉、韭芽、猪油小炒亦可。

酒酿糟糟用，亦妙。

蛤蜊

劈开，带半壳，入酒浆、盐花，略加酱油。醉三四日，小碟用，佳。

素肉丸

面筋、香蕈、酱瓜、姜切末，和以砂仁，卷入腐皮，切小段。白面调和，逐块涂搽，入滚油内，令黄色，取用。

顿豆豉

上好豆豉一大盏，和以冬笋（切骰子大块）并好腐干（亦切骰子大块），入酒浆，隔汤顿或煮。

素鳖

以面筋拆碎，代鳖肉；以珠栗煮熟，代鳖蛋；以墨水调真粉，代鳖裙；以元荽代葱、蒜，烧炒用。

熏面筋

好面筋，切长条，熬熟。菜油沸过，入酒酿、酱油、茴香煮透。捞起，熏干，装瓶内，仍将原汁浸用。

生面筋

买麸皮自做。中间填入裹馅、糖、酱、砂仁，炒、煎用。

八宝酱

熬熟油，同甜酱入沙糖，炒透。和冬笋及各色果仁，略加砂仁、酱瓜、姜末和匀，取起用。

乳腐

腊月，做老豆腐一斗，切小方块，盐腌数日。取起，晒干。用腊油洗去盐并尘土。用花椒四两，以生酒、腊酒酿相拌匀。箬泥封固。三月后可用。

十香瓜

生菜瓜十斤，切骰子块，拌盐，晒干。水、白糖二斤，好醋二斤，煎滚。候冷，将瓜并姜丝三两、刀豆小片二两、花椒一两、干紫苏一两、去膜陈皮一两同浸。上瓶，十日可用，经久不坏。

醉杨梅

拣大紫杨梅，同薄荷相间，贮瓶内。上放白糖。每杨梅一斤，用糖六两、薄荷叶二两。上浇真火酒，浮起为度。封固。一月后可用。愈陈愈妙。

附录二

山家清供

《山家清供》是中国古代的一部重要饮食著作，内容丰富，广收博采。

《山家清供》的作者林洪是南宋人，生卒年不详，字龙发，号可山，南宋晋江安仁乡永宁里可山（今福建石狮蚶江镇古山村）人，自称是林逋七世孙，但因为林逋有终身“不娶不仕，梅妻鹤子”的逸事，因此当时的人们并不认可林洪的这种说法。林洪年少时曾在危巽斋于福建漳州兴办的龙江学院求学，于南宋绍兴间(1137—1162)考中进士，后来有二十多年都在江淮一带游历，广泛结交当时的江浙士林人物。林洪无论诗文还是书画都十分出色，作品有《西湖衣钵集》《文房图赞》，他的二首《宫词》和一首《冷水亭》就收入了《千家诗》中。林洪还在园林、饮食有较为深入的研究，著有谈园林的《山家清事》一卷、谈饮食的《山家清供》二卷，都是后世广泛引用的佳作。

《山家清供》一书中著录了一百多种宋代山居人家的清淡菜肴，如菜羹、汤、饭、饼、粥、糕团、脯、肉、鸡、鱼、蟹等。这些菜肴绝大多数都是林洪亲自品尝乃至亲自烹饪过的，因此从原料的选取、加工到烹饪，乃至风味独特之处都有详细的描述，堪称是当时民间生活的一幅风情画卷。书中的许多菜肴虽然用料寻常，在烹饪上却独具匠心，别开生面，可见当时的烹饪水平已经达到了一定的高度。林洪在书中特意提到了一些具有药用价值的食谱，比如萝菔面、麦门冬煎等，说明食疗和养生在当时的民间已经十分流行。此外，林洪还在书中记录了当时士人的各种生活情趣，比如扫雪烹茶、拥炉烧酒、谈诗论文等雅事。书中许多食物的名字也是林洪新取的，其往往化用诗词，如傍林鲜、山海兜等，显得极其典雅、有趣。

综上所述，可知《山家清供》是一本集饮食、养生、文学为一身的描写宋代士人生活情趣的奇书，也是珍贵的宋代历史文献记载，为今人研究宋代的饮食文化提供了宝贵的原始资料。

上卷

青精饭

青精饭，首以此，重谷也。按《本草》："南烛木，今名黑饭草，又名旱莲草。"即青精也。采枝叶，捣汁，浸上白好粳米，不拘多少，候一二时，蒸饭。曝干，坚而碧色，收贮。如用时，先用滚水量以米数，煮一滚即成饭矣。用水不可多，亦不可少。久服延年益颜。仙方又有"青精石饭"，世未知"石"为何也。按《本草》："用青石脂三斤、青粱米一斗，水浸三日，捣为丸，如李大，白汤送服一二丸，可不饥。"是知"石脂"也。

二法皆有据，第以山居供客，则当用前法。如欲效子房辟谷，当用后法。

每读杜诗，既曰："岂无青精饭，令我颜色好。"又曰："李侯金闺彦，脱身事幽讨。"当时才名如杜、李，可谓切于爱君忧国矣。天乃不使之壮年以行其志，而使之俱有青精、瑶草之思，惜哉！

碧涧羹

芹，楚葵也，又名水英。有二种：荻芹取根，赤芹取叶与茎，俱可食。二月、三月，作羹时采之，洗净，入汤焯过，取出，以苦酒研芝麻，入盐少许，与茴香渍之，可作菹（zū）。惟瀹（yuè）而羹之者，既清而馨，犹碧涧然。故杜甫有"青芹碧涧羹"之句。或者：芹，微草也，杜甫何取焉而诵咏之不暇？不思野人持此，犹欲以献于君者乎！

苜蓿盘

开元中，东宫官僚清淡。薛令之为左庶子，以诗自悼曰："朝日上团团，照见先生盘。盘中何所有？苜蓿（mù xu）长阑干。饭涩匙难滑，羹稀箸易宽。以此谋朝夕，何由保岁寒？"上幸东宫，因题其旁，有"若嫌松桂寒，任逐桑榆暖"之句。令之惶恐归。

每诵此，未知为何物。偶同宋雪岩（伯仁）访郑墅钥，见所种者，因得其种并法。其叶绿紫色而灰，长或丈余。采，用汤焯，油炒，姜、盐随意，作羹茹之，皆为风味。

本不恶，令之何为厌苦如此？东宫官僚，当极一时之选，而唐世诸贤见于篇什，皆为左迁。令之寄思恐不在此盘。宾僚之选，至起"食无余"

之叹，上之人乃讽以去。吁，薄矣！

考亭蔊

考亭先生每饮后，则以蔊（hàn）菜供。蔊，一出于盱（xū）江，分于建阳；一生于严滩石上。公所供，盖建阳种，集有《蔊》诗可考。山谷孙崿（è），以沙卧蔊，食其苗，云：生临汀（tīng）者尤佳。

太守羹

梁蔡遵为吴兴守，不饮郡井。斋前自种白苋、紫茄，以为常饵。世之醉酞（nóng）饱鲜而怠于事者视此，得无愧乎！然茄、苋性俱微冷，必加芼（mào）姜为佳耳。

冰壶珍

太宗问苏易简曰："食品称珍，何者为最？"对曰："食无定味，适口者珍。臣心知齑（jī）汁美。"太宗笑问其故。曰："臣一夕酷寒，拥炉烧酒，痛饮大醉，拥以重衾。忽醒，渴甚，乘月中庭，见残雪中覆有齑盎（àng）。不暇呼童，掬雪盥（guàn）手，满饮数缶（fǒu）。臣此时自谓：上界仙厨，鸾脯凤脂，殆恐不及。屡欲作《冰壶先生传》记其事，未暇也。"太宗笑而然之。

后有问其方者，仆答曰："用清面菜汤浸以菜，止醉渴一味耳。或不然，请问之'冰壶先生'。"

蓝田玉

《汉·地理志》："蓝田出美玉。"魏李预每羡古人餐玉之法，乃往蓝田，果得美玉种七十枚，为屑服饵，而不戒酒色。偶病笃，谓妻子曰："服玉，必屏居山林，排弃嗜欲，当大有神效。而吾酒色不绝，自致于死，非药过也。"

要之，长生之法，能清心戒欲，虽不服玉，亦可矣。今法：用瓠（hù）一二枚，去皮毛，截作二寸方，烂蒸，以酱食之。不烦烧炼之功，但除一切烦恼妄想，久而自然神气清爽。较之前法，差胜矣。故名"法制蓝田玉"。

豆粥

汉光武在芜蒌（wú lóu）亭时，得冯异奉豆粥，至久且不忘报，况山居可无此乎？用沙瓶烂煮赤豆，候粥少沸，投之同煮，既熟而食。东坡诗曰："岂如江头千顷雪色芦，茅檐出没晨烟孤。地碓舂粳光似玉，

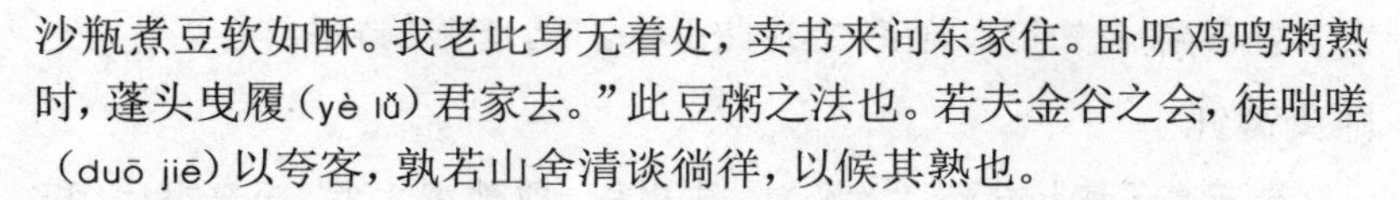

沙瓶煮豆软如酥。我老此身无着处，卖书来问东家住。卧听鸡鸣粥熟时，蓬头曳履（yè lǚ）君家去。”此豆粥之法也。若夫金谷之会，徒咄嗟（duō jiē）以夸客，孰若山舍清谈徜徉，以候其熟也。

蟠桃饭

采山桃，用米泔（gān）煮熟，漉置水中。去核，候饭涌，同煮顷之，如盦（ān）饭法。东坡用石曼卿海州事诗云：“戏将桃核裹红泥，石间散掷如风雨。坐令空山作锦绣，绮天照海光无数。”此种桃法也。桃三李四，能依此法，越三年，皆可饭矣。

寒具

晋桓玄喜陈书画，客有食寒具不濯（zhuó）手而执书帙者，偶污之。后不设。寒具，此必用油蜜者。《要术》并《食经》者，只曰“环饼”，世疑“馓（sǎn）子”也，或巧夕酥蜜食也。杜甫十月一日乃有“粔籹（jù nǚ）作人情”之句，《广记》则载于寒食事中。三者俱可疑。及考朱氏注《楚辞》“粔籹蜜饵，有张餭（zhāng huáng）些”，谓“以米面煎熬作之，寒具也”。以是知《楚辞》一句，自是三品：粔籹乃蜜面之干者，十月开炉，饼也；蜜饵乃蜜面少润者，七夕蜜食也；张餭乃寒食寒具，无可疑者。闽人会姻名煎餔（bū），以糯粉和面，油煎，沃以糖。食之不濯手，则能污物，且可留月余，宜禁烟用也。吾翁和靖先生《山中寒食》诗云：“方塘波静杜蘅青，布谷提壶已足听。有客初尝寒具罢，据梧慵复散幽经。”吾翁读天下书，和靖先生且服其和《琉璃堂图》事。信乎，此为寒食具矣。

黄金鸡

李白诗云：“堂上十分绿醑（xǔ）酒，盘中一味黄金鸡。”其法：焊（xún）鸡净，用麻油、盐、水煮，入葱、椒。候熟，擘（bò）钉，以元汁别供。或荐以酒，则“白酒初熟、黄鸡正肥”之乐得矣。有如新法川炒等制，非山家不屑为，恐非真味也。每思茅容以鸡奉母，而以蔬奉客，贤矣哉！《本草》云：“鸡，小毒，补，治满。”

槐叶淘

杜甫诗云：“青青高槐叶，采掇付中厨。新面来近市，汁滓宛相俱。入鼎资过熟，加餐愁欲无。”即此见其法：于夏，采槐叶之高秀者。汤少瀹，研细滤清，和面作淘，乃以醯（xī）、酱为熟齑。簇细茵，以盘行之，取其碧鲜可爱也。末句云：“君王纳凉晚，此味亦时须。”不唯见诗人一食未尝忘君，且知贵为君王，亦珍此山林之味。旨哉！诗乎！

地黄馎饦

崔元亮《海上方》：“治心痛，去虫积，取地黄大者，净洗捣汁，和面，作馎饦（bó tuō），食之，出虫尺许，即愈。”正元间，通事舍人崔杭女作淘食之，出虫，如蟆状，自是心患除矣。《本草》：“浮为天黄，半沉为人黄，惟沉底者佳。宜用清汁，入盐则不可食。或净洗细截，和米煮粥，良有益也。”

梅花汤饼

泉之紫帽山有高人，尝作此供。初浸白梅、檀香末水，和面作馄饨皮。每一叠用五分铁凿如梅花样者，凿取之。候煮熟，乃过于鸡清汁内。每客止二百余花可想。一食，亦不忘梅。后留玉堂元刚有如诗：“恍如孤山下，飞玉浮西湖。”

椿根馄饨

刘禹锡煮樗（chū）根馄饨皮法：立秋前后，谓世多痢及腰痛。取樗根一大两握，捣筛，和面，捻馄饨如皂荚子大。清水煮，日空腹服十枚，并无禁忌。

山家良有客至，先供之十数，不惟有益，亦可少延早食。椿（chūn）实而香，樗疏而臭，惟椿根可也。

玉糁羹

东坡一夕与子由饮，酣甚，槌芦菔烂煮，不用他料，只研白米为糁（sǎn）。食之，忽放箸抚几曰：“若非天竺酥酡，人间决无此味。”

百合面

春秋仲月，采百合根，曝干，捣筛，和面作汤饼，最益血气。又，蒸熟可以佐酒。《岁时广记》：“二月种，法宜鸡粪。”《化书》：“山蚯化为百合，乃宜鸡粪。”岂物类之相感耶？

栝蒌（guā lóu）粉

孙思邈法：深掘大根，厚削至白，寸切，水浸，一日一易，五日取出。捣之以力，贮以绢囊，滤为玉液，候其干矣，可为粉食。杂粳为糜，翻匙雪色，加以奶酪，食之补益。又方：取实，酒炒微赤，肠风血下，可以愈疾。

素蒸鸭（又云卢怀谨事）

郑馀庆召亲朋食。敕（chì）令家人曰："烂煮去毛，勿拗折项。"客意鹅鸭也。良久，各蒸葫芦一枚耳。今，岳倦翁珂《书食品付庖者》诗云："动指不须占染鼎，去毛切莫拗蒸壶。"岳，勋阅阀也，而知此味。异哉！

黄精果饼茹

仲春，深采根，九蒸九曝，捣如饴，可作果食。又，细切一石，水二石五升，煮去苦味，漉（lù）入绢袋压汁，澄之，再煎如膏。以炒黑豆、黄米，作饼约二寸大。客至，可供二枚。又，采苗，可为菜茹。隋羊公服法："芝草之精也，一名仙人余粮。"其补益可知矣。

傍林鲜

夏初，林笋盛时，扫叶就竹边煨熟，其味甚鲜，名曰"傍林鲜"。文与可守临川，正与家人煨笋午饭，忽得东坡书。诗云："想见清贫馋太守，渭川千亩在胃中。"不觉喷饭满案。想作此供也。大凡笋贵甘鲜，不当与肉为友。今俗庖多杂以肉，不才有小人，便坏君子。"若对此君成大嚼，世间那有扬州鹤"，东坡之意微矣。

雕菰饭

雕菰（gū），叶似芦，其米黑，杜甫故有"波翻菰米沉云黑"之句。今胡穄（jì）是也。曝干，砻（lóng）洗，造饭既香而滑。杜诗又云："滑忆雕菰饭。"又，会稽人顾翱，事母孝。母嗜雕菰饭，翱常自采撷。家濒太湖，后湖中皆生雕菰，无复余草，此孝感也。世有厚于己，薄于奉亲者，视此宁无愧乎？呜呼！孟笋王鱼，岂有偶然哉！

锦带羹

锦带者，又名文官花也，条生如锦。叶始生柔脆，可羹，杜甫固有"香闻锦带羹"之句。或谓莼之萦纡如带，况莼与菰同生水滨。昔张翰临风，必思莼鲈以下气。按《本草》："莼鲈同羹，可以下气止呕。"以是，知张翰当时意气抑郁，随事呕逆，故有此思耳，非莼鲈而何？杜甫卧病江阁，恐同此意也。

谓锦带为花，或未必然。仆居山时，因见有羹此花者，其味亦不恶。注谓"吐绶鸡"，则远矣。

煿金煮玉

笋取鲜嫩者，以料物和薄面，拖油煎，煿（bó）如黄金色，甘脆可爱。旧游莫干，访霍如庵正夫，延早供。以笋切作方片，和白米煮粥，佳甚。因戏之曰："此法制惜气也。"济颠《笋疏》云："拖油盘内煿黄金，和米铛中煮白玉。"二者兼得之矣。霍北司，贵分也，乃甘山林之味，异哉！

土芝丹

芋，名土芝。大者，裹以湿纸，用煮酒和糟涂其外，以糠皮火煨之。候香熟，取出，安地内，去皮温食。冷则破血，用盐则泄精。取其温补，名"土芝丹"。

昔懒残师正煨此牛粪火中。有召者，却之曰："尚无情绪收寒涕，那得工夫伴俗人。"又，山人诗云："深夜一炉火，浑家团栾坐。煨得芋头熟，天子不如我。"其嗜好可知矣。

小者，曝干入瓮，候寒月，用稻草盦（ān）熟，色香如栗，名"土栗"。雅宜山舍拥炉之夜供。赵两山汝涂诗云："煮芋云生钵，烧茅雪上眉。"盖得于所见，非苟作也。

柳叶韭

杜诗"夜雨剪春韭"，世多误为剪之于畦，不知剪字极有理。盖于炸时必先齐其本。如烹薤（xiè）"圆齐玉箸头"之意。乃以左手持其末，以其本竖汤内，少剪其末。弃其触也。只炸其本，带性投冷水中。取出之，甚脆。然必用竹刀截之。

韭菜嫩者，用姜丝、酱油、滴醋拌食，能利小水，治淋闭。

松黄饼

暇日，过大理寺，访秋岩陈评事介。留饮。出二童，歌渊明《归去来辞》，以松黄饼供酒。陈角巾美髯，有超俗之标。饮边味此，使人洒然起山林之兴，觉驼峰、熊掌皆下风矣。

春末，采松花黄和炼熟蜜，匀作如古老涎饼状，不惟香味清甘，亦能壮颜益志，延永纪筭（suàn）。

酥琼叶

宿蒸饼，薄切，涂以蜜，或以油，就火上炙。铺纸地上，散火气。甚松脆，且止痰化食。杨诚斋诗云："削成琼叶片，嚼作雪花声。"形容尽善矣。

元修菜

东坡有故人巢元修菜诗云。每读“豆荚圆而小，槐芽细而丰”之句，未尝不实搜畦垄间，必求其是。时询诸老圃（pǔ），亦罕能道者。一日，永嘉郑文干自蜀归，过梅边。有叩之，答曰：“蚕豆，即豌豆也。蜀人谓之‘巢菜’。苗叶嫩时，可采以为茹。择洗，用真麻油熟炒，乃下酱、盐煮之。春尽，苗叶老，则不可食。坡所谓‘点酒下盐豉，缕橙芼姜葱’者，正庖法也。”

君子耻一物不知，必游历久远，而后见闻博。读坡诗二十年，一日得之，喜可知矣。

紫英菊

菊，名“治蔷”，《本草》名“节花”。陶注云：“菊有二种，茎紫，气香而味甘，其叶乃可羹；茎青而大，气似蒿而苦，若薏苡，非也。”今法：春采苗、叶，略炒，煮熟，下姜、盐，羹之，可清心明目。加枸杞叶，尤妙。

天随子《杞菊赋》云：“尔杞未棘，尔菊未莎，其如予何。”《本草》：“其杞叶似榴而软者，能轻身益气。其子圆而有刺者，名枸棘，不可用。”杞菊，微物也，有少差，尤不可用。然则，君子小人，岂容不辨哉！

银丝供

张约斋镃（zī），性喜延山林湖海之士。一日午酌，数杯后，命左右作银丝供，且戒之曰：“调和教好，又要有真味。”众客谓：“必脍（kuài）也。”良久，出琴一张，请琴师弹《离骚》一曲。众始知银丝乃琴弦也；调和教好，调弦也；又要有真味，盖取陶潜“琴书中有真味”之意也。张，中兴勋家也，而能知此真味，贤矣哉！

凫茨粉

凫茨（fú cí）粉，可作粉食，其滑甘异于他粉。偶天台陈梅庐见惠，因得其法。

凫茨，《尔雅》一名芍。郭云：“生下田，似曲龙而细，根如指头而黑。”即荸荠也。采以曝干，磨而澄滤之，如绿豆粉法。后读刘一止《非有类稿》，有诗云：“南山有蹲鸱（chī），春田多凫茨。何必泌之水，可以疗我饥。”信乎可以食矣。

薝卜煎（又名端木煎）

旧访刘漫塘宰，留午酌，出此供，清芳，极可爱。询之，乃栀子花也。

采大者，以汤灼过，少干，用甘草水和稀面，拖油煎之，名“薝（zhān）卜煎”。杜诗云：“于身色有用，与道气相和。”今既制之，清和之风备矣。

蒿蒌菜（蒿鱼羹）

旧客江西林山房书院，春时，多食此菜。嫩茎去叶，汤灼，用油、盐、苦酒沃之为茹。或加以肉臊，香脆，良可爱。

后归京师，春辄思之。偶遇李竹野制机伯恭邻，以其江西人，因问之。李云：“《广雅》名蒌，生下田，江西用以羹鱼。陆《疏》云：叶似艾，白色，可蒸为茹。即《汉广》‘言刈（yì）其蒌’之‘蒌’。”山谷诗云：“蒌蒿数箸玉横簪。”及证以诗注，果然。李乃怡轩之子，尝从西山问宏词法，多识草木，宜矣。

玉灌肺

真粉、油饼、芝麻、松子、核桃去皮，加莳（shí）萝少许，白糖、红曲少许，为末，拌和，入甑（zèng）蒸熟。切作肺样块子，用辣汁供。今后苑名曰“御爱玉灌肺”，要之，不过一素供耳。然，以此见九重崇俭不嗜杀之意，居山者岂宜侈乎？

进贤菜（苍耳饭）

苍耳，枲（xǐ）耳也。江东名上枲，幽州名爵耳，形如鼠耳。陆玑《疏》云：“叶青白色，似胡荽（suī），白花细茎，蔓生。采嫩叶洗焯，以姜、盐、苦酒拌为茹，可疗风。”杜诗云：“卷耳况疗风，童儿且时摘。”《诗》之《卷耳》首章云：“嗟我怀人，置彼周行。”酒醴（lǐ），妇人之职，臣下勤劳，君必劳之。因采此而有所感念，及酒醴之用，以此见古者后妃，欲以进贤之道讽其君，因名“进贤菜”。张氏诗曰：“闺阃（kǔn）诚难与国防，默嗟徒御困高冈。觥罍（gōng léi）欲解痡瘏（pū tú）恨，采耳元因备酒浆。”其子，可杂米粉为糗（qiǔ），故古诗有“碧涧水淘苍耳饭”之句云。

山海兜

春采笋、蕨之嫩者，以汤瀹（yuè）过。取鱼虾之鲜者，同切作块子。用汤泡，暴蒸熟，入酱、油、盐，研胡椒，同绿豆粉皮拌匀，加滴醋。今后苑多进此，名“虾鱼笋蕨兜”。今以所出不同，而得同于俎（zǔ）豆间，亦一良遇也，名“山海兜”。或只羹以笋、蕨，亦佳。许梅屋棐（fěi）诗云：“趁得山家笋蕨春，借厨烹煮自吹薪。倩谁分我杯羹去，寄与中朝食肉人。”

拨霞供

向游武夷六曲，访止止师。遇雪天，得一兔，无庖人可制。师云：“山间只用薄枇（pí）、酒、酱、椒料沃之，以风炉安座上，用水少半铫（diào），候汤响，一杯后，各分以筯，令自夹入汤摆熟，啖（dàn）之。乃随意，各以汁供。”因用其法，不独易行，且有团栾（luán）热暖之乐。

越五六年，来京师，乃复于杨泳斋（伯岩）席上见此。恍然去武夷，如隔一世。杨，勋家，嗜古学而清苦者，宜此山林之趣。因诗之：“浪涌晴江雪，风翻晚照霞。”末云：“醉忆山中味，都忘贵客来。”猪、羊皆可。《本草》云：兔肉补中，益气。不可同鸡食。

骊塘羹

曩（nǎng）客于骊塘书院，每食后，必出菜汤，清白极可爱。饭后得之，醍醐（tí hú）甘露未易及此。询庖者，只用菜与芦菔，细切，以井水煮之烂为度。初无他法。后读东坡诗，亦只用蔓菁、萝菔而已。诗云：“谁知南岳老，解作东坡羹。中有芦菔根，尚含晓露清。勿语贵公子，从渠嗜膻（shān）腥。”从此可想二公之嗜好矣。今江西多用此法者。

真汤饼

翁瓜圃访凝远居士，话间，命仆：“作真汤饼来。”翁曰：“天下安有‘假汤饼’？”及见，乃沸汤泡油饼，一人一杯耳。翁曰：“如此，则汤泡饭，亦得名‘真泡饭’乎？”居士曰：“稼穑作，苟无胜食气者，则真矣。”

沆瀣浆

雪夜，张一斋饮客。酒酣，簿书何君时峰出沆瀣浆一瓢，与客分饮。不觉，酒客为之洒然。客问其法，谓得于禁苑，止用甘蔗、白萝菔，各切作方块，以水煮烂而已。盖蔗能化酒，萝菔能消食也。酒后得此，其益可知矣。《楚辞》有“蔗浆”，恐即此也。

神仙富贵饼

白术用切片子，同石菖蒲煮一沸，曝干为末，各四两，干山药为末三斤，白面三斤，白蜜炼过三斤，和作饼，曝干收。候客至，蒸食，条切。亦可羹。章简公诗云：“术荐神仙饼，菖蒲富贵花。”

香圆杯

谢益斋奕礼不嗜酒，尝有“不饮但能看醉客”之句。一日书余琴罢，命左右剖香圆作二杯，刻以花，温上所赐酒以劝客。清芬霭（ǎi）然，使人觉金樽玉斝（jiǎ）皆埃壒（ài）之矣。香圆，似瓜而黄，闽南一果耳。而得备京华鼎贵之清供，可谓得所矣。

蟹酿橙

橙用黄熟大者，截顶，剜去穰，留少液。以蟹膏肉实其内，仍以带枝顶覆之，入小甑，用酒、醋、水蒸熟。用醋、盐供食，香而鲜，使人有新酒菊花、香橙螃蟹之兴。因记危巽斋稹赞蟹云：“黄中通理，美在其中。畅于四肢，美之至也。”此本诸《易》，而于蟹得之矣，今于橙蟹又得之矣。

莲房鱼包

将莲花中嫩房去穰截底，剜穰留其孔，以酒、酱、香料加活鳜鱼块实其内，仍以底坐甑内蒸熟。或中外涂以蜜，出碟，用渔父三鲜供之。三鲜，莲、菊、菱汤瀣也。

向在李春坊席上，曾受此供。得诗云：“锦瓣金蓑织几重，问鱼何事得相容。涌身既入莲房去，好度华池独化龙。”李大喜，送端研一枚，龙墨五笏（hù）。

玉带羹

春访赵莼湖（璧），茅行泽（雍）亦在焉。论诗把酒，及夜无可供者。湖曰：“吾有镜湖之莼。”泽曰：“雍有稽山之笋。”仆笑：“可有一杯羹矣！”乃命庖作“玉带羹”，以笋似玉，莼似带也。是夜甚适。今犹喜其清高而爱客也。每颂忠简公“跃马食肉付公等，浮家泛宅真吾徒”之句，有此耳。

酒煮菜

鄱（pó）江士友命饮，供以“酒煮菜”。非菜也，纯以酒煮鲫鱼也。且云：“鲫，稷所化，以酒煮之，甚有益。”以鱼名菜，私窃疑之。及观赵与时《宾退录》所载：靖州风俗，居丧不食肉，惟以鱼为蔬，湖北谓之鱼菜。杜陵《白小》诗云：“细微沾水族，风俗当园蔬。”始信鱼即菜也。赵，好古博雅君子也，宜乎先得其详矣。

下卷

蜜渍梅花

杨诚斋诗云："瓮澄雪水酿春寒，蜜点梅花带露餐。句里略无烟火气，更教谁上少陵坛。"剥白梅肉少许，浸雪水，以梅花酿酝之。露一宿，取出，蜜渍之。可荐酒。较之扫雪烹茶，风味不殊也。

持螯供

蟹生于江者，黄而腥；生于河者，绀（gàn）而馨；生于溪者，苍而清。越淮多趋京，故或枵（xiāo）而不盈。幸有钱君谦斋（震祖），惟砚存，复归于吴门。秋，偶过之，把酒论文，犹不减昨之勤也。留旬余，每旦市蟹，必取其元烹，以清醋杂以葱、芹，仰之以脐，少俟其凝，人各举其一，痛饮大嚼，何异乎柏手浮于湖海之滨？庸庖族饤（dìng），非曰不文，味恐失真。此物风韵也，但橙醋自足以发挥其所蕴也。

且曰："团脐膏，尖脐螯。秋风高，团者豪。请举手，不必刀。羹以蒿，尤可饕。"因举山谷诗云："一腹金相玉质，两螯明月秋江。"真可谓诗中之验。"举以手，不必刀"，尤见钱君之豪也。或曰："蟹所恶，惟朝雾。实筑筐，噀（xùn）以醋。虽千里，无所误。"因笔之，为蟹助。有风虫，不可同柿食。

汤绽梅

十月后，用竹刀取欲开梅蕊，上下蘸以蜡，投蜜缶（fǒu）中。夏月，以热汤就盏泡之，花即绽，澄香可爱也。

通神饼

姜薄切，葱细切，各以盐汤焯。和白糖、白面，庶不太辣。入香油少许，炸之，能去寒气。朱晦翁《论语注》云："姜通神明。"故名之。

金饭

危巽斋云："梅以白为正，菊以黄为正，过此，恐渊明、和靖二公不取。"今世有七十二种菊，正如《本草》所谓"今无真牡丹，不可煎者"。

法：采紫茎黄色正菊英，以甘草汤和盐少许焯过，候饭少熟，投之同煮。久食，可以明目延年。苟得南阳甘谷水煎之，尤佳也。

昔之爱菊者，莫如楚屈平、晋陶潜。然孰知今之爱者，有石涧元茂焉，虽一行一坐，未尝不在于菊。翻帙得《菊叶诗》云：“何年霜后黄花叶，色蠹（dù）犹存旧卷诗。曾是往来篱下读，一枝开弄被风吹。”观此诗，不唯知其爱菊，其为人清介可知矣。

石子羹

溪流清处取白小石子，或带藓衣者一二十枚，汲泉煮之，味甘于螺，隐然有泉石之气。此法得之吴季高，且曰：“固非通霄煮食之石，然其意则甚清矣。”

梅粥

扫落梅英，捡净洗之，用雪水同上白米煮粥。候熟，入英同煮。杨诚斋诗曰：“才看腊后得春饶，愁见风前作雪飘。脱蕊收将熬粥吃，落英仍好当香烧。”

山家三脆

嫩笋、小蕈、枸杞头，入盐汤焯熟，同香熟油、胡椒、盐各少许，酱油、滴醋拌食。赵竹溪密夫酷嗜此。或作汤饼以奉亲，名“三脆面”。尝有诗云：“笋蕈初萌杞采纤，燃松自煮供亲严。人间玉食何曾鄙，自是山林滋味甜。”蕈亦名菰。

玉井饭

章雪斋鉴宰德泽时，虽槐古马高，犹喜延客。然后食多不取诸市，恐旁缘扰人。一日，往访之，适有蝗不入境之处，留以晚酌数杯。命左右造玉井饭，甚香美。其法：削嫩白藕作块，采新莲子去皮心，候饭少沸，投之，如盦饭法。盖取“太华峰头玉井莲，开花十丈藕如船”之句。昔有《藕诗》云：“一弯西子臂，七窍比干心。”今杭都范堰经进七星藕，大孔七、小孔二，果有九窍，因笔及之。

洞庭饐

旧游东嘉时，在水心先生席上，适净居僧送“饐”（yì）至，如小钱大，各和以橘叶，清香霭然，如在洞庭左右。先生诗曰：“不待满林霜后熟，蒸来便作洞庭香。”因询寺僧，曰：“采莲与橘叶捣之，加蜜和米粉作饐，各合以叶蒸之。”市亦有卖，特差多耳。

荼蘼粥（附木香菜）

旧辱赵东岩子岩云瓒（zàn）夫寄客诗，中款有一诗云："好春虚度三之一，满架荼蘼（tú mí）取次开。有客相看无可设，数枝带雨剪将来。"始谓非可食者。一日适灵鹫，访僧苹洲德修，午留粥，甚香美。询之，乃荼蘼花也。其法：采花片，用甘草汤焯，候粥熟同煮。又，采木香嫩叶，就元焯，以盐、油拌为菜茹。僧苦嗜吟，宜乎知此味之清切。知岩云之诗不诬也。

蓬糕

采白蓬嫩者；熟煮，细捣。和米粉，加以糖，蒸熟，以香为度。世之贵介，但知鹿茸、钟乳为重，而不知食此大有补益。讵（jù）不以山食而鄙之哉！闽中有草稗。又饭法：候饭沸，以蓬拌面煮，名蓬饭。

樱桃煎

樱桃经雨，则虫自内生，人莫之见。用水一碗浸之，良久，其虫皆蛰蛰而出，乃可食也。杨诚斋诗云："何人弄好手？万颗捣尘脆。印成花钿薄，染作冰澌紫。北果非不多，此味良独美。"要之，其法不过煮以梅水，去核，捣印为饼，而加以白糖耳。

如荠菜

刘彝学士宴集间，必欲主人设苦荬（mǎi）。狄武襄公青帅边时，边郡难以时置。一日集，彝与韩魏公对坐，偶此菜不设，骂狄分至黥（qíng）卒。狄声色不动，仍以"先生"呼之，魏公知狄公真将相器也。《诗》云："谁谓荼苦。"刘可谓"甘之如荠"者。

其法：用醯（xī）酱独拌生菜。然，作羹则加之姜、盐而已。《礼记》："孟夏，苦菜秀。"是也。《本草》："一名荼，安心益气。"隐居："作屑饮，不可寐。"今交、广多种也。

萝菔面

王医师承宣，常捣萝菔汁、搜面作饼，谓能去面毒。《本草》云："地黄与萝菔同食，能白人发。"水心先生酷嗜萝菔，甚于服玉。谓诚斋云："萝菔便是辣底玉。"

仆与靖逸叶贤良绍翁过从二十年，每饭必索萝菔，与皮生啖，乃快所欲。靖逸平生读书不减水心，而所嗜略同。或曰："能通心气，故文人嗜之。"然靖逸未老而发已皤（pó），岂地黄之过欤？

麦门冬煎

春秋，采根去心，捣汁和蜜，以银器重汤煮，熬如饴为度。贮之瓷器内。温酒化。温服，滋益多矣。

假煎肉

瓠与麸薄切，各和以料煎。麸以油浸煎，瓠以肉脂煎。加葱、椒、油、酒共炒。瓠与麸不惟如肉，其味亦无辨者。吴何铸晏客，或出此。吴中贵家，而喜与山林朋友嗜此清味，贤矣。或常作小青锦屏风，乌木瓶簪，古梅枝缀象，生梅数花置座右，欲左右未尝忘梅。

一夕，分题赋词，有孙贵蕃、施游心，仆亦在焉。仆得心字《恋绣衾》，即席云："冰肌生怕雪来禁，翠屏前、短瓶满簪。真个是、疏枝瘦，认花儿不要浪吟。等闲蜂蝶都休惹，暗香来时借水沉。既得个厮偎伴任风雪。"尽自于心，诸公差胜，今忘其辞。每到，必先酌以巨觥（gōng），名"发符酒"，而后觞（shāng）咏，抵夜而去。

今喜其子侄皆克肖，故及之。

橙玉生

雪梨大者，去皮核，切如骰子大。后用大黄熟香橙，去核，捣烂，加盐少许，同醋、酱拌匀供，可佐酒兴。葛天民《尝北梨》诗云："每到年头感物华，新尝梨到野人家。甘酸尚带中原味，肠断春风不见花。"虽非味梨，然每爱其寓物，有《黍离》之叹，故及之。如咏雪梨，则无如张斗埜（yě）蕴"蔽身三寸褐，贮腹一团冰"之句。被褐怀玉者，盖有取焉。

玉延索饼

山药，名薯蓣（yù），秦楚之间名玉延。花白，细如枣，叶青，锐于牵牛。夏月，溉以黄土壤，则蕃。春秋采根，白者为上，以水浸，入矾少许。经宿，净洗去延，焙干，磨筛为面。宜作汤饼用。如作索饼，则熟研，滤为粉，入竹筒，微溜于浅酸盆内，出之于水，浸去酸味，如煮汤饼法。如煮食，惟刮去皮，蘸盐、蜜皆可。其性温，无毒，且有补益。故陈简斋有《玉延赋》，取色、香、味为三绝。陆放翁亦有诗云："久缘多病疏云液，近为长斋煮玉延。"比于杭都多见如掌者，名"佛手药"，其味尤佳也。

大耐糕

向云杭公衮（gǔn）夏日命饮，作大耐糕。意必粉面为之。及出，乃用大李子。生者去皮剜核，以白梅、甘草汤焯过。用蜜和松子肉、榄仁去皮、核桃肉去皮、瓜仁刬（chǎn）碎，填之满，入小甑蒸熟。谓“耐糕”也。非熟，则损脾。且取先公“大耐官职”之意，以此见向者有意于文简之衣钵也。

夫天下之士，苟知“耐”之一字，以节义自守，岂患事业之不远到哉！因赋之曰：“既知大耐为家学，看取清名自此高。”《云谷类编》乃谓大耐本李沆（hàng）事，或恐未然。

鸳鸯炙（雉）

蜀有鸡，嗉（sù）中藏绶（shòu）如锦，遇晴则向阳摆之，出二角寸许。李文饶诗：“葳蕤（wēi ruí）散绶轻风里，若御若垂何可疑。”王安石诗云：“天日清明即一吐，儿童初见互惊猜。”生而反哺，亦名孝雉（zhì）。杜甫有“香闻锦带美”之句，而未尝食。

向游吴之芦区，留钱春塘。在唐舜举家持螯把酒。适有弋（yì）人携双鸳至，得之，焊（xún），以油爁（làn），下酒、酱、香料燠（yù）熟。饮余吟倦，得此甚适。诗云：“盘中一箸休嫌瘦，入骨相思定不肥。”不减锦带矣。靖言思之，吐绶鸳鸯，虽各以文采烹，然吐绶能反哺，烹之忍哉？

雉，不可同胡桃、木耳箪食（dān），下血。

笋蕨馄饨

采笋、蕨嫩者，各用汤焯。以酱、香料、油和匀，作馄饨供。向者，江西林谷梅少鲁家，屡作此品。后，坐古香亭下，采芎（xiōng）、菊苗荐茶，对玉茗花，真佳适也。玉茗似茶少异，高约五尺许，今独林氏有之。林乃金石台山房之子，清可想矣。

雪霞羹

采芙蓉花，去心、蒂，汤焯之，同豆腐煮。红白交错，恍如雪霁之霞，名“雪霞羹”。加胡椒、姜，亦可也。

鹅黄豆生

温陵人前中元数日，以水浸黑豆，曝之。及芽，以糠秕（bǐ）置盆内，铺沙植豆，用板压。及长，则覆以桶，晓则晒之。欲其齐而不为风日损也。中元，则陈于祖宗之前。越三日，出之，洗焯，以油、盐、苦酒、香料可为茹。卷以麻饼尤佳。色浅黄，名“鹅黄豆生”。

仆游江淮二十秋，每因以起松楸（qiū）之念。将赋归，以偿此一大愿也。

真君粥

杏子煮烂去核，候粥熟同煮，可谓“真君粥”。向游庐山，闻董真君未仙时多种杏。岁稔（rěn），则以杏易谷；岁歉，则以谷贱粜（tiào）。时得活者甚众。后白日升仙。世有诗云：“争似莲花峰下客，种成红杏亦升仙。”岂必专而炼丹服气？苟有功德于人，虽未死而名已仙矣。因名之。

酥黄独

雪夜，芋正熟，有仇芋曰：“从简，载酒来扣门。”就供之，乃曰：“煮芋有数法，独酥黄独世罕得之。”熟芋截片，研榧（fěi）子、杏仁和酱，拖面煎之，切白侈为甚妙。诗云：“雪翻夜钵截成玉，春化寒酥剪作金。”

满山香

陈习庵填《学圃》诗云：“只教人种菜，莫误客看花。”可谓重本而知山林味矣。仆春日渡湖，访雪独庵。遂留饮，供春盘，偶得诗云：“教童收取春盘去，城市如今菜色多。”非薄菜也，以其有所感，而不忍下箸也。薛曰：“昔人赞菜，有云‘可使士大夫知此味，不可使斯民有此色’，诗与文虽不同，而爱菜之意无以异。”

一日，山妻煮油菜羹，自以为佳品。偶郑渭滨师吕至，供之，乃曰：“予有一方为献：只用莳萝、茴香、姜、椒为末，贮以葫芦，候煮菜少沸，乃与熟油、酱同下，急覆之，而满山已香矣。”试之果然，名“满山香”。比闻汤将军孝信嗜盦（ān）菜，不用水，只以油炒，候得汁出，和以酱料盦熟，自谓香品过于禁脔。汤，武士也，而不嗜杀，异哉！

酒煮玉蕈

鲜蕈净洗，约水煮。少熟，乃以好酒煮。或佐以临漳绿竹笋，尤佳。施芸隐枢《玉蕈》诗云：“幸从腐木出，敢被齿牙和。真有山林味，难教世俗知。香痕浮玉叶，生意满琼枝。饕（tāo）腹何多幸，相酬独有诗。”今后苑多用酥炙，其风味尤不浅也。

鸭脚羹

葵，似今蜀葵。丛短而叶大，以倾阳，故性温。其法与羹菜同。《豳风》六月所烹者，是也。采之不伤其根，则复生。古诗故有“采葵莫伤根，伤根葵不生”之句。

昔公仪休相鲁，其妻植葵，见而拔之曰：“食君之禄，而与民争利，可乎？”今之卖饼、货酱、贸钱、市药，皆食禄者，又不止植葵，小民岂可活哉！白居易诗云："禄米獐牙稻，园蔬鸭脚羹"，因名。

石榴粉（银丝羹附）

藕截细块，砂器内擦稍圆，用梅水同胭脂染色，调绿豆粉拌之，入鸡汁煮，宛如石榴子状。又，用熟笋细丝，亦和以粉煮，名"银丝羹"。此二法恐相因而成之者，故并存。

广寒糕

采桂英，去青蒂，洒以甘草水，和米舂粉，炊作糕。大比岁，士友咸作饼子相馈，取"广寒高甲"之谶（chèn）。又有采花略蒸，曝干作香者，吟边酒里，以古鼎燃之，尤有清意。童用师禹诗云："胆瓶清气撩诗兴，古鼎余葩晕酒香"，可谓此花之趣也。

河祇粥

《礼记》："鱼干曰薨（kǎo）。"古诗有"酌醴焚枯"之句，南人谓之鲞，多煨食，罕有造粥者。比游天台山，有取干鱼浸洗，细截，同米粥，入酱料，加胡椒，言能愈头风，过于陈琳之檄。亦有杂豆腐为之者。《鸡跖（zhí）集》云："武夷君食河祇（zhī）脯，干鱼也。"因名之。

松玉

文惠太子问周颙（yóng）曰："何菜为最？"颙曰："春初早韭，秋末晚菘（sōng）。"然菘有三种，惟白于玉者甚松脆，如色稍青者，绝无风味，因侈其白者曰"松玉"，亦欲世之食者有所取择也。

雷公栗

夜炉书倦，每欲煨栗，必虑其烧毡之患。一日马北鄽逢辰曰："只用一栗醮（jiào）油，一栗蘸水，置铁铫（diào）内，以四十七栗密覆其上，用炭火燃之，候雷声为度。"偶一日同饮，试之果然，且胜于沙炒者，虽不及数，亦可矣。

东坡豆腐

豆腐，葱油煎，用研榧子一二十枚，和酱料同煮。又方，纯以酒煮。俱有益也。

碧筒酒

暑月，命客泛舟莲荡中，先以酒入荷叶束之，又包鱼鲊（zhǎ）它叶内。俟舟回，风薰日炽，酒香鱼熟，各取酒及酢（zuò）。真佳适也。坡云："碧筒时作象鼻弯，白酒微带荷心苦。”坡守杭时，想屡作此供用。

罂乳鱼

罂（yīng）中粟（sù）净洗，磨乳。先以小粉置缸底，用绢囊滤乳下之，去清入釜（fǔ），稍沸，亟（jí）洒淡醋收聚。仍入囊，压成块，仍小粉皮铺甑内，下乳蒸熟。略以红曲水洒，又少蒸取出。切作鱼片，名“罂乳鱼”。

胜肉

焯笋、蕈，同截，入松子、胡桃，和以油、酱、香料，搜面作饫子。试蕈之法：姜数片同煮，色不变，可食矣。

木鱼子

坡云：“赠君木鱼三百尾，中有鹅黄木鱼子。”春时，剥棕鱼蒸熟，与笋同法。蜜煮酢浸，可致千里。蜀人供物多用之。

自爱淘

炒葱油，用纯滴醋和糖、酱作齑（jī），或加以豆腐及乳饼，候面熟过水，作茵供食，真一补药也。食，须下熟面汤一杯。

忘忧齑

嵇康云：“合欢蠲（juān）忿，萱草忘忧。”崔豹《古今注》则曰“丹棘”，又名鹿葱。春采苗，汤焯过，以酱油、滴醋作为齑，或燥以肉。何处顺宰相六合时，多食此。毋乃以边事未宁，而忧未忘耶？因赞之曰：“春日载阳，采萱于堂。天下乐兮，忧乃忘。”

脆琅玕（láng gān）

莴苣去叶、皮，寸切，瀹（yuè）以沸汤，捣姜、盐、糖、熟油、醋拌，渍之，颇甘脆。杜甫种此，旬不甲。拆且叹：“君子脱微禄，坎坷不进，犹芝兰困荆杞。”以是知诗人非有口腹之奉，实有感而作也。

炙獐

《本草》：“秋后，其味胜羊。”道家羞为白脯，其骨可为獐骨酒。今作大脔（luán），用盐、酒、香料淹少顷，取羊脂包裹，猛火炙熟，擘（bò）去脂，食其獐。麂（jǐ）同法。

当团参

白扁豆，北人名鹊豆。温、无毒，和中下气。烂炊，其味甘。今取葛天民诗云“烂炊白扁豆，便当紫团参”之句，因名之。

梅花脯

山栗、橄榄薄切，同食，有梅花风韵，因名“梅花脯”。

牛尾狸

《本草》云：“斑如虎者最，如猫者次之。肉主疗痔病。”法：去皮，取肠腑，用纸揩净，以清酒洗。入椒、葱、茴香于其内，缝密，蒸熟。去料物，压宿，薄片切如玉。雪天炉畔，论诗饮酒，真奇物也。故东坡有“雪天牛尾”之咏。或纸裹糟一宿，尤佳。杨诚斋诗云：“狐公韵胜冰玉肌，字则未闻名季狸。误随齐相燧（suì）牛尾，策勋封作糟丘子。”

南人或以为绘形如黄狗，鼻尖而尾大者，狐也。其性亦温，可去风补劳。腊月取胆，凡暴亡者，以温水调灌之，即愈。

金玉羹

山药与栗各片截，以羊汁加料煮，名“金玉羹”。

山煮羊

羊作脔，置砂锅内，除葱、椒外，有一秘法：只用槌真杏仁数枚，活火煮之，至骨糜烂。每惜此法不逢汉时，一关内侯何足道哉！

牛蒡（bàng）脯

孟冬后，采根，净洗。去皮煮，毋令失之过。捶扁压干，以盐、酱、茴、萝、姜、椒、熟油诸料研，浥（yì）一两宿，焙干。食之，如肉脯之味。苟与莲脯同法。

牡丹生菜

宪圣喜清俭，不嗜杀。每令后苑进生菜，必采牡丹瓣和之。或用微面裹，炸之以酥。又，时收杨花为鞋、袜、褥之用。性恭俭，每至治生菜，必于梅下取落花以杂之，其香犹可知也。

不寒齑

法：用极清面汤，截菘菜，和姜、椒、茴、萝。欲极熟，则以一杯元齑和之。又，入梅英一掬，名“梅花齑”。

素醒酒冰

米泔浸琼芝菜，曝以日。频搅，候白洗，捣烂。熟煮取出，投梅花十数瓣。候冻，姜、橙为鲙（kuài）齑供。

豆黄签

豆面细茵，曝干藏之。青芥菜心同煮为佳。第此二品，独泉有之，如止用他菜及酱汁亦可，惟欠风韵耳。

菊苗煎

春游西马塍（chéng），会张将使元耕轩，留饮。命予作《菊田赋》诗，作墨兰。元甚喜，数杯后，出菊煎。法：采菊苗，汤瀹，用甘草水调山药粉，煎之以油。爽然有楚畹（wǎn）之风。张，深于药者，亦谓“菊以紫茎为正”云。

胡麻酒

旧闻有胡麻饭，未闻有胡麻酒。盛夏，张整斋赖招饮竹阁。正午，各饮一巨觥（gōng），清风飒（sà）然，绝无暑气。其法：赎麻子二升，煮熟略炒，加生姜二两，龙脑薄荷一握，同入砂器细研。投以煮酒五升，滤渣去，水浸饮之，大有益。因赋之曰：“何须更觅胡麻饭，六月清凉却是渠。”《本草》名“巨胜子”。桃源所饭胡麻，即此物也。恐虚诞者自异其说云。

茶供

茶即药也。煎服，则去滞而化食。以汤点之，则反滞膈而损脾胃。盖世之利者，多采叶杂以为末，既又怠于煎煮，宜有害也。

今法：采芽，或用碎萼，以活水火煎之。饭后，必少顷乃服。东坡诗云“活水须将活火烹”，又云“饭后茶瓯（ōu）味正深”，此煎法也。陆羽《经》亦以“江水为上，山与井俱次之。”今世不惟不择水，且入盐及茶果，殊失正味。不知惟有葱去昏，梅去倦，如不昏不倦，亦何必用？古之嗜茶者，无如玉川子，惟闻煎吃。如以汤点，则又安能及也七碗乎？山谷词云：“汤响松风，早减了、七分酒病。”倘知此，则口不能言，心下快活，自省如禅参透。

新丰酒法

初用面一斗、糖醋三升、水二担，煎浆。及沸，投以麻油、川椒、葱白，候熟，浸米一石。越三日，蒸饭熟，乃以元浆煎强半，及沸，去沫。又投以川椒及油，候熟注缸面。入斗许饭及面末十斤、酵半升。既晓，以元饭贮别缸，却以元酵饭同下，入水二担、曲二斤，熟踏覆之。既晓，搅以木擢。越三日止，四五日，可熟。

其初余浆，又加以水浸米，每值酒熟，则取酵以相接续，不必灰其曲，只磨麦和皮，用清水搜作饼，令坚如石。初无他药，仆尝从危巽斋子骖（cān）之新丰，故知其详。危君此时，尝禁窃酵，以专所酿；戒怀生粒，以金所酿；且给新屦（jù），以洁所酿。所酵诱客，舟以通所酿。故所酿日佳而利不亏。是以知酒政之微，危亦究心矣。

昔人《丹阳道中》诗云："乍造新丰酒，犹闻旧酒香。抱琴沽一醉，尽日卧斜阳。"正其地也。沛（pèi）中自有旧丰，马周独酌之地，乃长安效新丰也。